AF316099

NOTICE

SUR LA

NAVIGATION TRANSATLANTIQUE

DES

PAQUEBOTS INTEROCEANIQUES

OU

RECHERCHES

SUR LES

ROUTES DE PLUS COURT TRAJET D'EUROPE A SAINT-JEAN DE NICARAGUA ET RETOUR

ET SUR

Le Régime des courants, des vents et des tempêtes dans l'Océan atlantique septentrional

Par F.-A.-E. KELLER

INGÉNIEUR HYDROGRAPHE DE LA MARINE.

PARIS

CHEZ DALMONT ET DUNOD, ÉDITEURS
49, quai des Augustins, 49.

1859

CANAL DE NICARAGUA.

NOTICE

SUR LA

NAVIGATION TRANSATLANTIQUE

DES

PAQUEBOTS INTEROCÉANIQUES

OU

RECHERCHES

SUR LES

ROUTES DE PLUS COURT TRAJET D'EUROPE A SAINT-JEAN DE NICARAGUA ET RETOUR

ET SUR

Le Régime des courants, des vents et des tempêtes dans l'Océan atlantique septentrional

Par F.-A.-E. KELLER

INGÉNIEUR HYDROGRAPHE DE LA MARINE.

PARIS

CHEZ DALMONT ET DUNOD, ÉDITEURS

49, quai des Augustins, 49.

1859

INTRODUCTION.

Une des premières conséquences de l'ouverture du canal de Nicaragua sera de provoquer l'établissement d'un service régulier de paquebots à vapeur à grande vitesse, destinés à mettre directement en communication les principales cités maritimes de l'Europe avec les centres commerciaux de l'océan Pacifique.

Pour assurer dans toute sa plénitude le bénéfice si important de la plus grande promptitude des relations que le canal permettra de réaliser, les traversées d'Europe à Saint-Jean de Nicaragua et retour ne pourront comporter aucune escale intermédiaire, c'est dire que les Compagnies des paquebots transatlantiques de Southampton et de Saint-Nazaire aux Antilles n'auront à redouter aucune concurrence ni aucun préjudice des paquebots interocéaniques dont nous parlons, si toutefois il ne leur convient pas de se charger elles-mêmes de ce service : loin de là, pendant toute la durée des travaux du canal, le transport des travailleurs et du matériel d'exécution assurerait aux paquebots transatlantiques des bénéfices exceptionnels qui engageront sans doute leurs Compagnies à desservir directement Saint-Jean de Nicaragua tant pour établir des communications rapides et fréquentes entre le personnel d'exécution et le comité de direction du canal, que pour desservir le mouvement d'immigration qui sans doute deviendra rapidement considérable, dès que l'indépendance et la neutralité des Etats du Centre Amérique se trouveront garanties par le degré d'avancement d'une œuvre international d'un intérêt universel. Dans cette prévision, il paraît opportun de s'enquérir dès maintenant des routes qui peuvent assurer les traversées les plus expéditives de Saint-Nazaire à Saint-Jean et retour.

D'un autre côté, comme les paquebots transatlantiques français sont encore à construire et qu'ils ne pourront guère commencer leur service avant 1861, époque vers laquelle probablement on pourra se transporter rapidement en chemins de fer de Paris à Cadix ou à Lisbonne, il convient également de discuter les routes nautiques les plus favorables aux traversées de Cadix à Saint-Jean de Nicaragua et retour, comme pouvant être avantageusement utilisées dans un avenir prochain et comme assurant alors les communications les plus rapides avec l'Amérique espagnole, ainsi que M. de Castellanos l'a récemment pressenti.

Or, l'on ne saurait procéder à la détermination des trajets de moindre durée sans être fixé sur les données à mettre en œuvre, c'est-à-dire sur la vitesse propre des navires, sur la distance à franchir suivant le parcours de la route la plus courte satisfaisant aux exigences nautiques d'un bon atterrage, enfin sur le régime des courants et des vents perçus pendant les traversées.

Ces données devant être conformes aux notions les plus certaines et les plus précises pour justifier et exciter la confiance des navigateurs, nous produirons une étude approfondie de chacune d'elles. Mais l'exposé du régime des courants et des vents exigeant des développements assez considérables qui feraient perdre de vue ou retarderaient par trop la discussion de la durée des trajets, but de cette notice, nous avons cru devoir renvoyer cet exposé à la fin, après en avoir résumé graphiquement les principaux résultats sur une carte, de manière à pouvoir procéder au rapprochement des données dès la première partie de ce travail relative aux recherches sur la vitesse des navires à vapeur, au tracé des routes d'aller et de retour entre Saint-Jean de Nicaragua et Saint-Nazaire ou Cadix, enfin à l'évaluation de la durée des traversées selon le mois et selon le jour de départ.

Nous nous réservons de discuter de même ultérieurement la durée des trajets entre la baie de Salinas et les principaux établissements de l'océan Pacifique; cependant il nous a paru utile d'en présenter immédiatement un tableau d'ensemble en regard de celui similaire résumant les durées des trajets transatlantiques, comme l'a si heureusement fait M. Thomé de Gamond dans la remarquable brochure publié par M. Belly sur le percement du canal de Nicaragua, afin de faire ressortir l'extrême rapidité de communication dont le commerce interocéanique et l'expansion de la civilisation chrétienne se trouveront dotés le jour de l'ouverture de ce canal.

Mais, pour assurer à cet immense progrès toute sa valeur et toute sa portée, d'autres progrès doivent marcher de front, dans l'art des constructions navales, dans l'art nautique et dans la science météorologique, afin de soustraire à la routine tout ce qui peut être enlevé au hasard ou à l'arbitraire, et que les navigateurs pourvus de navires bons marcheurs sachent aussi déterminer et suivre les trajets de plus courte durée, préciser les chances de leurs traversées selon la vitesse du navire, selon le mois, le jour et l'heure de départ, enfin se prémunir et lutter à l'occasion contre toutes les mauvaises chances.

C'est au point de vue de ces progrès divers et pour concourir à leur réalisation dans la mesure de nos forces, que nous avons conçu et rédigé ce travail. Puisse cette intention nous mériter les suffrages des navigateurs et nous concilier l'indulgence bienveillante des savants, lors même que, par une rédaction trop précipitée, nous eussions faibli dans une tâche aussi ardue.

A cet égard nous n'avons pas d'autre excuse à faire valoir que l'opportunité pressante de tout ce qui se rattache de loin ou de près à l'entreprise du canal de Nicaragua, dont le haut intérêt actuel, si universellement senti, nous a puissamment stimulé, en regrettant toutefois de ne pouvoir donner à notre œuvre le fini qui lui manque et témoigner de notre respect pour la science par un style plus châtié ; mais nous avons pensé que des imperfections de forme nous seraient aisément pardonnées, si au fond notre travail était utile aux navigateurs, en les mettant sur la voie des traversées précises et rapides ; s'il ouvrait à la physique générale du globe et en particulier à la météorologie nautique des horizons nouveaux d'une merveilleuse splendeur ; si, enfin, les points de vues élevés d'où l'œil peut embrasser leur vaste étendue et contempler leur ravissante beauté justifiaient la témérité de nos écarts des sentiers battus, qui tous laissaient inaccessibles les hauteurs inexplorées que nous avons dû gravir, la coignée à la main, et au sommet desquelles nous n'avons pas été peu surpris de nous trouver en compagnie des traditions populaires sur le rôle actif de la lune dans une multitude de phénomènes.

NOTICE

SUR LA

NAVIGATION TRANSATLANTIQUE

DES

PAQUEBOTS INTEROCÉANIQUES.

PREMIÈRE PARTIE.

Routes transatlantiques de plus court trajet des paquebots interocéaniques.

CHAPITRE PREMIER.

RECHERCHES SUR LA VITESSE PROPRE DES NAVIRES A VAPEUR.

1. — *Du propulseur.*

La résistance de l'eau étant beaucoup moindre à la surface que dans la profondeur, la vitesse des navires à vapeur a augmenté à mesure qu'on a reporté leur capacité sur une plus grande longueur, parce que par là leur tirant d'eau a été diminué. Les navires à voiles, au contraire, ayant besoin de trouver dans la profondeur une résistance capable de contre-balancer l'effet du vent qui tend à les coucher, leur tirant d'eau doit être d'autant plus grand que leur mâture est plus élevée.

La faiblesse du tirant d'eau des navires à vapeur à grande vitesse exclut l'emploi de l'hélice à cause de l'accélération extrême qu'elle prend dans l'air lorsque la quille émerge de la lame et du choc violent que cette accélération produit lorsque l'hélice se replonge dans l'eau ; ce propulseur fonctionnant ainsi alternativement dans l'air et dans l'eau à la moindre agitation de la mer, la dépense de la vapeur se fait en pure perte et ne produit aucun effet utile ou aucune vitesse raisonnable. Les navires à hélice de faible tirant d'eau sont en outre sujets à un roulis dont rien n'atténue la force, et offrent de plus l'inconvénient d'une trépidation fatigante pour les passagers et intolérable pour l'équipage, tant elle rend pénible le service de la mâture et de la barre à cause de l'amplitude et de la rapidité des oscillations.

On s'accorde donc à donner de beaucoup la préférence aux navires à roues parce qu'ils sont d'une stabilité remarquable malgré leur peu de profondeur de quille, le roulis y étant insensible ou de beaucoup réduit, tant par l'augmentation de poids que prend la roue qui tend à sortir de l'eau que par la diminution du poids de celle qui s'y plonge davantage, et qui travaille dans une eau plus résistante. L'on comprend que ces actions réunies empêchent le navire de s'incliner et que l'amplitude des oscillations du roulis se trouve considérablement diminuée par l'espèce de balancier extérieur formé par les roues qui maintiennent le navire dans sa position d'équilibre.

Le travail développé par une machine à vapeur étant proportionnel à la rapidité des coups de pistons, et chaque coup de piston répondant à un tour de roue, ou à une longueur proportionnelle parcourue par le navire, plus la roue est grande, moins elle fait de révolutions pour franchir une distance donnée, moins par suite il y a de coups de piston ; le travail de la machine se trouve donc d'autant plus entravé que le rayon des roues est plus considérable.

D'un autre côté, plus le rayon de la roue est petit sous une même immersion, plus elle dépense de force en pure perte, car d'une part sa pale verticale agit sur une eau moins résistante situé plus près de la surface, et d'autre part pour une même immersion de la roue, chaque pale entre et sort de l'eau dans une position presque horizontale, ce qui emploie sans effet utile une grande partie de la puissance, à déprimer l'eau d'un côté et à la soulever de l'autre.

Le maximum de travail utile répond donc à une grandeur moyenne des roues à aubes et à une immersion n'excédant pas le tiers du rayon vertical inférieur, afin qu'à l'entrée et à la sortie les pales soient assez obliques pour ne pas entraîner une perte notable de la force.

Ces conditions une fois réglées par rapport à la flottaison normale du navire, celui-ci prend sous l'impulsion de sa machine un maximum de vitesse qui est ce qu'on appelle la vitesse d'essai. Cette vitesse peut être de 10 nœuds, de 12 nœuds et même de 15 nœuds ; elle varie d'un navire à l'autre et augmente, non comme on l'a longtemps admis, avec la force de la machine, mais avec la longueur de quille sous un moindre tirant d'eau, parce que toute augmentation de la force de la machine implique une augmentation de son poids et par suite du tirant d'eau du navire, en sorte que la résistance à vaincre devient plus grande et la vitesse produite reste la même malgré l'augmentation de la force.

2. — *Variation de la flottaison.*

La vitesse d'essai est assurée à chaque navire tant que sa flottaison normale est invariable, c'est-à-dire pour les trajets de peu de durée ; mais il s'en faut de beaucoup que le tirant d'eau soit constant pendant les longues traversées. Car sa variation peut excéder un mètre, pour une dépense de 1,000 tonneaux de charbon à peine suffisante pour 15 jours ; on tâche alors de se rapprocher le plus possible de la flottaison normale en répartissant sa variation totale sur le départ et l'arrivée ; ainsi au départ le poids du combustible, enfonçant le navire de 50 centimètres, fait perdre beaucoup de force aux roues trop plongées, et à l'arrivée le navire devenu plus léger les élève de 50 centimètres au-dessus de leur position de maximum d'action, en sorte qu'elles ne font qu'effleurer une eau sans résistance et prennent une vitesse presque inutile à la marche du navire. Le tirant d'eau variant de 1 centimètre environ pour une variation de 10 tonneaux de charbon, ce n'est qu'au milieu de la traversée, alors que le navire est allégé de 500 tonneaux, qu'il prend sa vitesse d'essai sous sa flottaison normale.

L'on voit par là que ce serait réaliser un immense progrès si l'on pouvait assurer aux paquebots interocéaniques leur flottaison normale ou un tirant d'eau constant pendant toute la durée de leurs traversées. Jusqu'ici l'on ne s'est occupé que des roues ; on a proposé des roues articulées dont les pales plongent dans l'eau verticalement pour remédier à l'inconvéneint des roues à aubes fixes lorsqu'elles sont immergées trop profondément, ce qui arrive au départ ; mais, bien que ces systèmes aient parfaitement réussi en rivière et dans les très-courts trajets de la Manche, leur complication n'offre pas les garanties de solidité qu'exigent les longues traversées. D'un autre côté, les roues articulées ne font pas plus de travail utile que celles à rayons ou aubes fixes lorsqu'à l'arrivée elles ne peuvent plus qu'effleurer l'eau, étant surélevées par le navire devenu plus léger.

Ainsi les roues articulées eussent-elles même la solidité requise pour une longue navigation, ne remédicraient qu'à une moitié des ralentissements de vitesse produits par les variations du tirant d'eau. Nous croyons savoir que l'on songe à soustraire les roues à ces variations en rendant leur axe mobile, de manière à pouvoir le surélever au départ lorsque le navire plonge trop et à l'abaisser peu à peu à mesure que le navire s'allége de son charbon. Cet essai mérite certainement d'être tenté, mais nous craignons fort qu'il ne soit fait qu'aux dépens de la solidité.

3.— *Maintien de la flottaison normale.*

Nous proposerons un moyen plus simple, immédiatement exécutable sur tous les paquebots existants, qui n'ajoute aucune complication à la machine et ne saurait par suite en compromettre la solidité, c'est de se mettre en route sous la flottaison normale qui assure la vitesse d'essai dès le départ et de rendre le tirant d'eau constant pendant toute la durée de la traversée, en remplaçant le charbon par de l'eau à mesure de sa consommation. Cette eau serait incessamment fournie par les tambours des roues munis à l'intérieur de planchettes formant conduits.

Pour ne pas gêner le service du charbon, ce moyen exigerait la disponibilité d'un compartiment étanche d'une capacité de 1,000 tonneaux d'eau si la consommation du charbon devait être de 1,000 tonnes pendant la durée du trajet (1). Ce serait donc 1,000 tonnes de moins que le navire pourrait transporter en marchandises, et si le fret du tonneau est de 125 fr. pour aller de Saint-Nazaire à la Martinique, il en résulterait une perte de 125,000 fr., pour acheter l'avantage d'une plus grande célérité dans le trajet.

De prime abord il semble que cette perte ne puisse être compensée; tandis qu'en réalité elle peut être couverte par une augmentation de $\frac{1}{5}$ des prix du tarif (2). Or, de même que les chemins de fer ont un tarif de petite vitesse et un tarif de grande vitesse, pourquoi n'en serait-il pas de même pour les paquebots, surtout lorsqu'il ne s'agit que d'une différence de $\frac{1}{5}$ dans le prix, tandis que celle des deux tarifs des chemins de fer est du simple au double.

Quelques chiffres sont ici nécessaires pour justifier notre assertion ; nous prendrons pour fixer les idées les données relatives aux paquebots projetés de Saint-Nazaire :

Leur capacité totale sera de 4,200 tonnes dont 2,000 seront

---

(1) Cette capacité de 1,000 mètres cubes serait fournie à fond de cale par une hauteur de 1 mètre au-dessus du lest sur une largeur de 10 mètres dans toute la longueur de quille de 100 mètres.

(2) Nous verrons plus loin que cette augmentation peut être réduite à 2/15, en se contentant du même bénéfice annuel.

réservés à la machine et au charbon ; il restera disponible une capacité de 2,200 tonnes dont les $\frac{2}{3}$ seront réservés à 300 passagers et les $\frac{1}{3}$ aux marchandises. Ces $\frac{1}{3}$ représentent une capacité de 1,320 tonnes.

Or, si on en retranche une capacité de 1,000 tonnes réservée à l'eau, il restera encore un espace disponible pour 320 tonneaux de marchandises.

Supposons maintenant que l'on augmente de 1 tiers le prix du passage pour les 300 passagers, payant en moyenne 1,000 fr. chacun, la recette sera augmentée de.......... 100,000 fr.

De même si l'on augmente d'un tiers le fret des 320 tonneaux de marchandises estimé pour la Martinique à 125 fr. le tonneau, l'augmentation serait représentée par $106 \times 125 = 13,250$ fr.

A l'augmentation totale de 113,250 fr. il faut ajouter maintenant l'économie sur la consommation du charbon et sur celle des passagers ; or, si la vitesse d'essai excède de $\frac{1}{5}$ celle moyenne, l'économie de $\frac{1}{5}$ en charbon sera de 200 tonneaux sur 1,000 qui, à raison de 30 fr., représentent 6,000 fr. D'un autre côté l'économie de $\frac{1}{5}$ sur la durée de 15 jours de traversée étant de 3 jours, si la consommation est de 10 fr. par jour pour chaque passager, l'économie en argent sera de $30 \times 300 = 9,000$ fr.

Nous avons donc en tout $113,250 + 6,000 + 9,000 = 128,250$ fr., d'augmentation de recette qui font plus que compenser les 125,000 fr. de perte.

Maintenant, si l'on remarque que l'économie de $\frac{1}{5}$ sur la durée actuelle des traversées permettra d'effectuer six traversées dans le temps aujourd'hui nécessaire pour en faire cinq, évidemment, le bénéfice annuel d'une Compagnie de paquebots augmenterait de $\frac{1}{5}$, par le seul fait de la permanence de la flottaison de ces paquebots qui assurerait la permanence de leur vitesse d'essai.

Donc, en se contentant du même bénéfice annuel, il se trouverait assuré par une augmentation de $\frac{1}{2} - \frac{1}{3} = \frac{2}{15}$ des prix du tarif actuel, ce qui fait 100 fr. sur 750 fr. ou 133 fr. sur 1,000 fr. pour les passagers.

L'on voit, par là, que la réalisation d'une augmentation notable dans la rapidité des traversées serait une source de profits qui permettrait de réduire la surélévation du tarif, loin d'être une charge pour ceux qui voudraient inaugurer ce progrès.

Le moyen que nous avons proposé mérite donc, à tous égards, d'être pris en sérieuse considération et d'être tenté au moins pour ceux des paquebots interocéaniques qui seraient exclusivement destinés aux passagers, parce qu'il permettra de distancer davantage les dépôts de charbon, puisque le même approvisionnement suffira pour franchir une distance plus grande de $\frac{1}{3}$.

Quant à l'augmentation des tarifs de $\frac{2}{15}$, elle ne saurait souffrir aucune difficulté, les passagers se trouvant heureux de pouvoir racheter à prix d'argent une partie notable du temps qu'ils auraient à passer en mer et s'affranchir des mauvaises conditions nautiques des faibles vitesses de départ et d'arrivée.

A cet égard, l'on se tromperait fort si l'on pensait que ces vitesses ne se trouvent au-dessous de la vitesse moyenne de la traversée que d'une quantité égale à l'excès de la vitesse d'essai sur cette moyenne, car elles diffèrent de la vitesse moyenne du double de cet excès (1).

Ainsi, un navire dont la vitesse d'essai serait de 13 nœuds et qui, d'après la durée de sa traversée, aurait eu une vitesse moyenne de 10 nœuds, ne pourrait disposer au départ et à l'ar-

(1) Les accroissements progressifs des vitesses depuis le départ jusqu'au milieu de la route, et leurs décroissements à partir de ce point jusqu'à celui d'arrivée, peuvent être représentés par les ordonnées positives d'une sinusoïde.

Si W est la vitesse maxima ou d'essai, et v la vitesse minima au départ ou à l'arrivée, la vitesse en un point quelconque de la route peut être représentée par $V = v + \varepsilon \sin x$. En faisant $W - v = \varepsilon$.

x étant l'arc de cercle correspondant au temps t écoulé depuis le départ,

rivée que d'une vitesse de 4 nœuds. L'on comprend qu'avec une aussi faible vitesse il ne saurait lutter avantageusement contre vent et marée et qu'il se trouverait forcément longtemps exposé aux dangers que peut présenter le voisinage des terres, car ses roues trop plongées au départ n'émergent progressivement que de 1 centimètre par consommation de 10 tonnes de charbon, et ce n'est qu'après une consommation de 40 à 50 tonnes, qui exige plus de 12 heures, que les conditions nautiques fâcheuses au départ commenceront à s'améliorer.

Or, ces 12 heures de périls se trouveraient supprimées, si

---

lorsque la durée totale de la traversée est assimilée à une demi-circonférence, on a la proportion $T : \pi :: t : x = \dfrac{\pi}{T} t$.

d'où $V = v + \varepsilon \sin \dfrac{\pi}{T} t$.

La distance D parcourue du départ à l'arrivée sera représentée par la somme ou l'intégrale de toutes les vitesses successives perçues chacune pendant un temps très-court dt, depuis l'instant $t = o$ du départ jusqu'à l'instant $t = T$ d'arrivée.

On aura donc $D = \displaystyle\int_{t=T}^{t=o} V dt = \int_{t=T}^{t=o} v dt + \varepsilon \int_{t=T}^{t=o} \sin \dfrac{\pi}{T} t\, dt$

ou

$$D = \left.\left(vt - \frac{\varepsilon T}{\pi} \cos \frac{\pi}{T} t + C \right)\right|_{t=T}^{t=o}$$

$t = o$ donne $-\dfrac{\varepsilon T}{\pi} + C = o$

$t = T$ donne $vT + \dfrac{\varepsilon T}{\pi} + C = D$. Retranchant ces valeurs extrêmes il vient

$D = \left(v + \dfrac{2\varepsilon}{\pi} \right) T$ ou $\dfrac{D}{T} = v + \dfrac{2\varepsilon}{\pi}$.

Mais $\dfrac{D}{T}$ est la vitesse moyenne de la traversée et π est approximativement égal à 3.

Donc la vitesse moyenne est égale à la vitesse minima, augmentée des $\frac{2}{3}$ de l'excès de la vitesse maxima sur celle minima. Donc la différence entre la vitesse moyenne et celle minima, de départ et d'arrivée, est double de la différence entre la vitesse d'essai et celle moyenne, comme nous l'avons admis.

le navire pouvait disposer de sa vitesse d'essai de 13 nœuds, qui lui assurerait contre vent et marée une supériorité de 8 nœuds au moins et lui permettrait d'échapper rapidement aux dangers de la navigation côtière.

Cet avantage ne saurait manquer d'être apprécié par les marins et plus encore par les passagers, si eux aussi pouvaient comprendre toute la gravité des périls inhérents à une navigation contrariée dans le voisinage des terres alors que les roues du navire trop noyées au départ ou trop surélevées à l'arrivée ne peuvent lui imprimer la vitesse nécessaire pour y échapper.

4. — *Du Vanderbilt.*

Nous croyons utile de montrer ici ce que la permanence de la flottaison normale ferait gagner sur les traversées les plus rapides qui aient été jusqu'ici exécutées.

La plus remarquable est celle du *Vanderbilt,* qui s'est rendu en juillet 1858, de New-York à Liverpool en 8 jours 23 heures, et dont la vitesse d'essai est de 13 nœuds. Déterminons d'abord les conditions nautiques défectueuses du tirant d'eau au départ et à l'arrivée, en évaluant l'approvisionnement de charbon.

Pour franchir une distance donnée, l'approvisionnement de charbon, y compris un sixième en sus du nécessaire, pour les cas imprévus, est très-approximativement représenté par un nombre de tonneaux égal à vingt fois le nombre de degrés d'arc de grand cercle, représentant la distance à franchir comptée sur la route du navire. Ainsi, pour aller de Saint-Nazaire à la Martinique, la distance étant d'environ 60 degrés; il faudrait un approvisionnement de $20 \times 60 = 1{,}200$ tonneaux de charbon. Mais la dépense normale étant moindre de $\frac{1}{6}$ ne serait que de 1,000 tonneaux pour effectuer la traversée.

A mesure que cette dépense se fait, le tirant d'eau diminue en moyenne de 1 centimètre par 10 tonneaux consommés, et à l'arrivée, après avoir brûlé les 1,000 tonneaux de charbon, le tirant d'eau est moindre de 1 mètre qu'au départ. Ces résultats étant conformes à ceux prévus pour les paquebots transatlantiques, nous ne nous écarterons pas beaucoup de la vérité, en faisant, d'après les mêmes bases, le calcul de l'approvisionnement de charbon nécessaire au *Vanderbilt*, pour franchir la distance de 48 degrés qui sépare New-York de Liverpool.

Nous multiplierons donc ces 48 degrés par 20 et nous obtiendrons 960 pour le nombre de tonneaux de charbon, formant l'approvisionnement de départ ; ce nombre réduit de $\frac{1}{6}$ donne 800 tonneaux pour la dépense normale de route. Cette dépense faisant varier le tirant d'eau de 80 centimètres à raison de 1 centimètre par 10 tonneaux, il en résulte que les roues du *Vanderbilt*, réglées par rapport à la flottaison normale, plongeaient de 40 centimètres de trop au départ, et émergeaient de 40 centimètres de trop à l'arrivée, que ne le comportait sa vitesse d'essai de 13 nœuds, et dans ces deux cas sa vitesse était moindre que celle moyenne de la traversée du double de l'excès de la vitesse d'essai sur cette moyenne.

Comme il ne s'agit ici que des vitesses propres du navire, il est clair qu'il faut défalquer de la vitesse moyenne de la traversée l'influence du vent et du courant pour en conclure la vitesse moyenne propre au navire.

Or, la vitesse moyenne de la traversée fournie par le rapport de la distance à la durée du trajet a été, pour le *Vanderbilt*, de 13 milles à l'heure, courant et vent compris.

D'un autre côté, la route étant située dans la zone des vents d'ouest prédominants et dans le parcours du gulf Stream, l'on ne peut pas estimer à moins de 3 milles à l'heure l'influence favorable moyenne du vent et du courant, lors même que le navire eût navigué à sec de voiles.

La vitesse moyenne propre au *Vanderbilt* n'excédait donc pas 10 nœuds, et ses vitesses de départ et d'arrivée n'ont pas dû dépasser 4 nœuds, d'après le calcul indiqué p. 16. De plus, ces faibles vitesses exigeaient la même consommation de charbon que les 13 nœuds du milieu de la traversée.

Voyons maintenant ce qu'aurait été la durée de la traversée du *Vanderbilt*, s'il avait pu disposer de sa vitesse d'essai de 13 nœuds sur tout le parcours de sa route, c'est-à-dire si sa flottaison normale eût été maintenue permanente.

L'influence moyenne du vent et du courant ajoutant 3 nœuds à la vitesse propre de 13 nœuds, la vitesse résultante du navire eût été de 16 nœuds, et la durée de la traversée de 7 jours 14 heures, tandis que celle exécutée a été de 8 jours 23 heures, ce navire eût donc raccourci sa traversée de 1 jour 7 heures.

Évidemment ce résultat, déjà satisfaisant, ne saurait être le dernier mot des traversées les plus rapides, car les vitesses d'essai de 15 nœuds paraissent assurées aux constructions projetées.

Or une pareille vitesse, jointe à l'action du vent et du courant, porterait à 18 nœuds les vitesses des traversées de New-York à Liverpool, et à 6 jours 19 heures leur durée.

La route inverse, se faisant en dehors au nord du gulf Stream dans un contre-courant qui compense l'action inverse du vent sur la moitié du trajet, et le navire perdant au plus 2 nœuds par le vent dans l'autre moitié, cette perte, répartie sur le trajet total, n'affaiblit la vitesse que de 1 nœud ; ainsi la vitesse de 13 nœuds du *Vanderbilt* se trouve réduite à 12 nœuds, qui font franchir la distance de 48 degrés en 9 jours 14 heures ; il lui faudrait donc 2 jours de plus pour le retour que pour l'aller. Une vitesse de 15 nœuds pour le retour à New-York se trouverait réduite à 14, et la durée de la traversée de Liverpool à New-York serait de 8 jours 12 heures, ou de 1 jour 17 heures de plus que par le trajet inverse ci-dessus évalué.

Tous ces calculs se rapportent à des traversées exécutées de beau temps, et il faudrait compter en sus tous les jours de gros temps, parce que dans les coups de vent le navire est forcé de ralentir beaucoup sa marche, mais par cela même il dépense peu de charbon et se trouve assuré de n'en pas manquer pour achever sa route ; toutefois il est rare que les coups de vent durent plus de 24 heures, et comme dans les mêmes parages les coups de vent comprennent un intervalle d'au moins 6 jours, l'on ne saurait perdre en moyenne plus de 2 jours sur les traversées qui n'exigent pas plus de 10 à 11 jours.

Ce qui force les navires à vapeur à ralentir leur vitesse par le gros temps, c'est l'accélération que prennent les roues lorsqu'elles émergent du creux de la lame et le choc que cette accélération produit lorsqu'elles sont subitement noyées dans la crête suivante ; c'est aussi le travail inégal des deux roues lorsque la lame vient par le travers et imprime un fort roulis. Alors, pendant qu'une des roues est comme submergée, l'autre est émergée, et après le passage de la lame, c'est l'inverse qui se produit.

Toutefois, au milieu de ces vicissitudes, le navire sous sa flottaison normale est encore assuré de conserver une vitesse de 4 nœuds sous l'impulsion réduite de la machine ralentie de moitié environ.

Nous pouvons inférer de la régularité et de la promptitude du service des paquebots de New-York à Liverpool, dont le trajet est tout entier situé dans la bande des vents d'ouest prédominants et des coups de vent, que le service de Saint-Jean de Nicaragua à Saint-Nazaire ne rencontrera pas plus de difficultés, car il traverse la zone des vents d'ouest sur un parcours moitié de celui de New-York à Liverpool ; il se trouve, par suite, dans de meilleures conditions, ayant moitié moins de chances de subir des coups de vent.

Nous ne nous étendrons pas davantage sur ces considérations.

En résumé :

Nous croyons avoir fait suffisamment ressortir le bénéfice nautique de la permanence de la flottaison facilement réalisable sur tous les paquebots existants, pour admettre que les paquebots interocéaniques navigueront avec leur vitesse d'essai sur toute l'étendue de leur parcours ; cette vitesse maxima constante offre le double avantage d'abréger les traversées et d'affranchir les paquebots à vapeur du danger inhérent aux faibles vitesses de départ et d'arrivée ; de plus, elle assure une grande simplifica-tion au calcul de la durée des trajets en ce qu'il ne reste plus qu'à tenir compte de l'influence du vent et des courants, tandis que la combinaison de ces influences variables d'un point à l'autre avec des vitesses variables propres au navire com-plique beaucoup la supputation exacte de la durée des tra-versées.

CHAPITRE II.

———

1. — *Parcours des routes les plus courtes entre Saint-Jean et Saint-Nazaire eu égard aux exigences nautiques d'un bon atterrage.*

Il est manifeste qu'à chances égales le plus court chemin d'un point à un autre doit assurer les traversées les plus rapides ; ce plus court chemin constitue la route orthodromique et est fourni par l'arc de grand cercle reliant ces deux points. Sur les cartes marines cet arc est représenté par une courbe, tandis que la route loxodromique à rumb constant suivie par les navigateurs y est représentée par une ligne droite; mais cette ligne droite, quoique offrant aux yeux l'image du plus court chemin, est, en réalité, plus longue que la courbe, et d'autant plus que sa direction se rapproche davantage de celle Est et Ouest et que la latitude est plus élevée.

Les routes d Europe aux Antilles faisant un angle d'environ 45° avec les parallèles, et une grande partie de leur parcours occupant de faibles latitudes, la différence des routes orthodromique et loxodromique n'est pas très-considérable, toutefois la route orthodromique ayant pour elle la présomption d'un trajet de moindre durée, tant que l'on n'a pas pesé les raisons qui peuvent décider à s'en écarter, il convient, avant toutes choses, d'en déterminer le parcours, puis d'examiner si ce parcours est libre et remplit les conditions nautiques d'un bon atterrage.

2. — *Route orthodromique de Saint-Jean de Nicaragua à Saint-Nazaire.*

L'arc de grand cercle reliant Saint-Nazaire à Saint-Jean de Nicaragua est libre dans toute son étendue, mais il n'est praticable que pour le retour en France, auquel il offre une route facile et sûre aboutissant à l'excellent atterrage de l'île de Groix.

Cette route (1), en quittant Saint-Jean de Nicaragua, traverse la mer des Antilles, range la pointe orientale de la Jamaïque, passe entre les îles de Cuba et d'Haïti en vue de ces terres, et débouche dans l'Atlantique par la passe des Caïques, débouquement le plus fréquenté de Saint-Domingue, pour de là s'élever dans le Nord à l'Ouest des Açores, en inclinant peu à peu vers l'Est en approchant de la France.

Les navigateurs ayant successivement pris connaissance de la Jamaïque et des terres de Cuba et d'Haïti sont en mesure de franchir le débouquement sans la moindre inquiétude, étant parfaitement sûrs de leur position. Enfin cette route, mathématiquement la plus courte, se trouve être fortuitement, ainsi que nous le verrons, la plus favorisée pour le retour en France. Cette route devra donc être affectée aux paquebots allant de Saint-Jean de Nicaragua à Saint-Nazaire, comme leur assurant les traversées les plus rapides. Mais elle est impraticable pour les navires en destination de Saint-Jean de Nicaragua, parce qu'elle ne leur offre pas la sécurité d'un bon atterrage, à cause du peu d'élévation des îles de Bahama et des récifs qui bordent es débouquements de Saint-Domingue.

---

(1) Voir sur la carte la route L° 1.

Dans l'état actuel de la science nautique, les navigateurs n'étant jamais certains de leur position au terme d'une longue traversée, ils se trouveraient exposés aux plus grands périls s'ils n'étaient pas assurés de pouvoir rectifier leur point à l'approche des terres. Or, d'après un principe bien simple et bien connu de tous les marins, plus les terres sont hautes, plus on les découvre de loin et plus on a de temps pour se garantir des dangers qu'elles peuvent présenter en rectifiant sa position. Au contraire, plus elles sont basses, plus on est exposé à les apercevoir trop tard et à faire naufrage sur un point dont on peut se croire bien éloigné.

L'atterrage sur les îles basses de Bahama ou des débouquements de Saint Domingue ne saurait donc être raisonnablement conseillé, et dès lors la route la plus courte, bien qu'elle soit praticable pour aller de Saint-Jean de Nicaragua à Saint-Nazaire, ne saurait être affectée au trajet inverse, d'autant plus que ce trajet aurait contre lui les chances favorables au premier. D'un autre côté, lors même que les îles de Bahama auraient une hauteur considérable qui permît de les distinguer de loin, le peu de largeur des passes intermédiaires, telle que celle des îles turques, ne comporterait pas une navigation active et offrirait le danger de collisions inévitables, si des navires faisant route inverse devaient s'y croiser fréquemment. La nécessité de prévenir ces collisions et surtout d'assurer un atterrage facile et commode aux navires venant d'Europe oblige donc de leur assigner une autre route que celle des débouquements prescrite pour le retour.

Cette double condition se trouve parfaitement remplie en faisant passer la route d'aller, dirigée sur Saint-Jean, par le canal de la Mona compris entre Saint Domingue et Porto-Rico, canal vaste et sain qui ne présente aucun danger à la navigation (il a 65 milles de large). Ce détour produit un allongement de 120 milles ou 2 degrés sur la route la plus courte; mais cet allongement est largement compensé par les avantages nautiques résultant de la distinction des deux routes d'aller et de retour et des facilités que les hautes terres de Porto-Rico assurent à l'atterrage au vent du canal de la Mona.

La côte Nord de cette île est dirigée de l'Est à l'Ouest, et la mer y baigne le pied des monts Luquillo sur une étendue de 20 lieues, à partir du cap Saint-Jean, formant l'extrémité Est de cette côte.

Le point le plus élevé, appelé *el Yunque* (l'Enclume), peut être aperçu à la distance de 68 milles en mer. La chaîne, dans l'Ouest de l'Enclume, présente les coupures de nombreux ravins et se termine par une petite montagne nommée, d'après sa forme, Silla de Caballo (selle de cheval) et qui est située au Sud de Areviso.

La route orthodromique de Saint-Nazaire, au milieu du canal de Porto-Rico, y étant dirigée vers le Sud-Ouest et faisant un angle de 45 degrés avec la direction Est et Ouest de la côte Nord de l'île, passe forcément en vue de l'Enclume et des terres occidentales de Porto Rico, qu'on relève successivement au Sud, au Sud-Est et enfin à l'Est quand on est arrivé dans le canal.

Si l'on remarque que toute erreur en longitude est toujours de beaucoup moindre que l'étendue en longitude de l'île de Porto-Rico, et que l'observation fournit la latitude à moins de 1 mille, et par suite aussi la distance précise à laquelle on se trouve de la côte Est et Ouest sur laquelle on atterrit, toutes les conditions possibles de sécurité se trouvent satisfaites, et l'on peut, pour ainsi dire, déterminer d'avance l'instant à partir duquel les terres seront en vue et où l'on pourra rectifier sa longitude en les relevant au compas.

Ajoutons que la route passe au loin des écueils les plus rapprochés, c'est-à-dire à plus de 40 lieues dans l'Est du banc de la Nativité, et à 50 lieues dans l'Ouest de l'Anégada si redoutée des navigateurs, parce que cette île noyée ou à fleur d'eau se trouve au milieu de leur chemin habituel conduisant des ports d'Europe à Porto-Rico. A cet égard, il est curieux de lire dans les instructions nautiques, les moyens d'atterrage de Porto-Rico pour éviter

les dangers que présente l'Anégada, et de comparer le dédale de
cet atterrage à celui si simple de la route orthodromique (1).

---

(1) Nous transcrivons ici les instructions du Routier des Antilles sur l'atterrage
de Porto-Rico :

« Quand nous avons parlé de l'Anégada (île noyée), nous avons dit qu'il fal-
lait la considérer plutôt comme un banc dangereux que comme une île, et par
cette raison, la fuir avec soin.

« Maintenant que nous allons parler de l'atterrage de Porto-Rico, nous de-
vons recommander de l'exécuter en évitant les approches de cette île, qui, si
nous pouvons nous exprimer ainsi, est au milieu du chemin qui conduit des
ports d'Europe à Porto-Rico.

« Comme il peut arriver que les navigateurs, manquant de données certaines
et réduits à leur estime toujours erronée, se trouvent dans une position inquié-
tante, nous les avertirons que, pour éviter les dangers que présente l'Anégada
à dépasser le port de Porto-Rico, il sera bon d'atterrir en tout temps sur les îles
de Saint-Martin et de Saint-Barthélemy ; ce sont des terres très-hautes et saines,
et sur lesquelles on ne peut se perdre, encore qu'on navigue de nuit ou par un
temps obscur qui bornerait l'horizon à une lieue ; on s'en trouverait, même
dans ce cas, à une distance suffisante pour gouverner de manière à emboucher
leurs canaux, ou serrer le vent et attendre le jour, dans le cas où l'on préfére-
rait prendre ce dernier parti. On ne risque pas non plus de les dépasser sans
les voir ; et quand bien même cela arriverait par suite de circonstances très-
rares et extraordinaires, on ne pourrait, le lendemain, manquer de prendre
connaissance de quelqu'une des Vierges, ce qui rectifierait toujours le point du
navire.

« Quant au choix à faire entre les canaux de Saint-Barthélemy et de Saint-
Martin, ou de Saint-Martin-et-l'Anguilla, nous conseillerons de préférer ce dernier, car il ne contient aucune île détachée des terres principales, et par consé-
quent, ne demande pas autant de soins dans les navigations de nuit. Après avoir
débouqué de ces canaux, on doit se diriger par le sud des Vierges, et embou-
quer entre le Brigantin et le Cabrito (chevreau), pour aller attaquer la tête de
Saint-Jean de Porto-Rico. Cette reconnaissance faite, on naviguera comme on
l'entendra vers sa destination. » *Routier des Antilles*, t. I, p. 135 et 136.

L'on avouera que, pour aboutir à un atterrage aussi compliqué, ce n'était
guère la peine de prendre le vent aux Canaries et de faire une route plus
longue que celle orthodromique dont l'atterrage sur Porto-Rico est si remarquable par sa simplicité et sa magnificence exceptionnelle.

Puisse ce rapprochement contribuer à décider les navigateurs à adopter fran-
chement la navigation orthodromique (ou par arc de grand cercle) toutes les
fois que cette navigation, rendue si facile par l'usage de notre double plani-
sphère, se trouvera favorisée par les vents et les courants.

Cet atterrage orthodromique a l'avantage de n'exiger aucune perte de temps, puisqu'il se fait sur la route et au vent du canal vers lequel elle se dirige. Ce vent d'Est étant traversier à la route n'entraîne aucune erreur dans la latitude conclue de l'estime, mais il importe d'en tenir compte pour ne pas se laisser sous-venter, parce que l'action réunie du vent d'Est Sud-Est et du courant Nord qui règne dans le canal tend à rapprocher la route de la côte de Saint-Domingue, dont les terres ne s'aperçoivent pas à plus de 10 lieues.

A la rigueur, ces terres situées à la même latitude que Porto-Rico pourraient encore servir d'atterrage ou à rectifier la position du navire, si, par impossible, on avait manqué l'atterrage de Porto-Rico ; mais alors il y aurait forcément une perte de temps pour remonter dans le vent jusqu'à l'ouvert du milieu du canal afin d'y reprendre la route loxodromique dirigée vers le Sud-Ouest, entre l'île de la Mona et la côte de Saint-Domingue ; à partir de ce point la route se continue à l'Ouest-Sud-Ouest jusqu'à Saint-Jean de Nicaragua par une ligne droite tracée sur la carte, parce que, dans les basses latitudes, la loxodromie se confond avec l'orthodromie ou l'arc de grand cercle.

Ainsi la route d'aller est orthodromique de Saint-Nazaire à mi-chenal de la Mona et loxodromique de ce point à Saint-Jean. Pour faciliter le tracé exact des deux routes d'aller et de retour sur les cartes, nous allons donner la longitude et la latitude des points de passage espacés de 5 en 5 degrés sur chacune des deux routes orthodromiques, ainsi que les points extrêmes de l'étape loxodromique complémentaire.

Comme le service des paquebots transatlantiques doit se faire de Saint-Nazaire à la Martinique, et que la route d'aller à Saint-Jean par la Martinique, quoique plus longue que par le passage de la Mona, se trouve plus favorisée et comporte sensiblement la même durée pour le trajet en ne s'arrêtant que peu d'instants à la Martinique, ainsi que nous le démontrerons plus loin, nous avons pensé que l'avantage de desservir la Martinique par la route

d'aller à Saint-Jean pourrait la faire préférer à celle du canal de
la Mona. C'est pourquoi nous avons cru devoir donner également
les longitudes et latitudes des points de passage de 5 en 5 degrés
de la route orthodromique de Saint-Nazaire à Saint-Jean en passant par la Martinique. Cette route offre en outre l'avantage
inappréciable de ranger les îles Graciosa et Fayal des Açores,
et de fournir ainsi un moyen assuré de rectifier la position du
navire à plus du tiers du trajet jusqu'à la Martinique.

Nous avons ajouté aux tableaux des longitudes et latitudes des
points de passage des routes une donnée essentielle à la supputation de la durée des traversées, c'est l'indication des vents perçus aux mois de mars, de juin, de septembre et de décembre,
en sorte que l'on peut distinguer, à l'aide des colonnes respectives affectés à ces mois, la portion de route située dans les vents
prédominants d'Ouest et celle située dans les vents alizés de
Nord-Est. La limite de séparation de ces vents est occupée par
une zone de calme ou de vents faibles variables que nous désignons sous le nom de calme tropical, et qui occupe en moyenne
sur les routes une étendue de 5°; sa limite Nord répond à la latitude de 25° en mars, à celle de 30° en juin et décembre, et à
celle de 35° en septembre.

Cette zone de calme tropical sépare les vents favorables de
ceux défavorables à la route; pour les routes d'aller à Saint-Jean,
les vents favorables sont les vents alizés et ceux défavorables
sont les vents prédominants de l'Ouest.

Pour les routes de retour ce sont, au contraire, les vents alizés
qui sont défavorables et les vents d'Ouest prédominants qui sont
favorables.

La carte annexée à cette notice fournit avec les parcours des
routes les vents perçus aux mois de juin et septembre, alors que
le calme tropical occupe la positions moyenne de son oscillation
annuelle ; mais les position extrêmes correspondantes aux mois
de mars et septembre n'ayant pu être indiquées sans confusion,
les tableaux des routes que nous allons produire suppléeront à la

carte en ce qui concerne les vents perçus aux mois de mars et septembre, et la position correspondante du calme tropical.

Les distances à ce calme, fournies par la première colonne, fixent la grandeur relative des étapes favorable et défavorable selon le mois de l'année, et sont en outre essentielles à consulter pour déterminer chaque mois le jour de départ de la traversée la plus favorisée par l'action lunaire.

TABLEAUX

Points de passage et Vents

DE LA ROUTE ORTHODROMIQUE DE SAINT-JEAN A SAINT-NAZAIRE

Par le débouquement des Caïques.

DISTANCES A SAINT-JEAN en degrés.	VENTS Mars.	VENTS Juin. Decembre.	VENTS Septembre	LATITUDE NORD.	LONGITUDE OUEST de Paris.
Saint-Nazaire. 75°				47° 16′	4° 32′
— 70			Vents d'Ouest prédominants.	46 52	12 04
— 65		Vents d'Ouest prédominants.		46 15	19 15
— 60	Vents d'Ouest prédominants.			45 15	26 15
— 55				43 55	32 52
— 50				42 05	39 30
— 45				40 0	45 30
— 40				37 35	51 0
— 35			Calme tropical.	35 0	56 02
— 30		Calme tropical.		32 0	61 05
— 25			Vents alizés N.-E.	29 0	65 50
— 20	Calme tropical.	Vents alizés N.-E.		25 40	70 12
Débouquement des Caïques. 15				22 22	74 30
— 10	Vents alizés N.-E.			Etape loxodromique initiale de 15ᵈ dans la mer des Antilles, de Saint-Jean au débouquement.	
— 5					
Saint-Jean... 0				10 58	86 0

Points de passage et Vents

DE LA ROUTE ORTHODROMIQUE DE SAINT-NAZAIRE A SAINT-JEAN

Par le canal de la Mona.

DISTANCES A SAINT-NAZAIRE en degrés.	VENTS			LATITUDE NORD.	LONGITUDE OUEST de Paris.
	Mars.	Juin, Décembre.	Septembre		
Saint-Nazaire. 0°	Vents d'Ouest prédominants	Vents d'Ouest prédominants	Vents d'Ouest prédominants	47° 16′	4° 32′
— 5				46 25	12 0
— 10				45 12	19 0
— 15				43 45	25 42
— 20				41 55	31 52
— 25				39 50	38 55
— 30			→→	37 10	43 42
— 35			Calme tropical.	34 40	48 42
— 40		→→		31 40	53 42
— 45		Calme tropical.	↙	28 40	58 07
— 50	→→			25 10	62 30
— 55	Calme tropical	↙		23 08	66 42
Mona........ 60	↙			18 25	69 30
— 65	N.-E.	Vents alizés N.-E.	Vents alizés N.-E.		
— 70	Vents alizés N.-E.			Etape loxodromique de 17° dans la mer des Antilles, du canal de la Mona a Saint-Jean.	
— 75					
Saint-Jean.... 77				10 58	86 0

Points de passage et Vents

DE LA ROUTE ORTHODROMIQUE DE SAINT-NAZAIRE A SAINT-JEAN

Par la Martinique.

DISTANCES À SAINT-NAZAIRE en degrés	VENTS — Mars.	Juin, Décembre.	Septembre	LATITUDE NORD.	LONGITUDE OUEST de Paris.
Saint-Nazaire. 0°				47° 16′	4° 32′
— 5				45 35	11 37
— 10			Vents d'Ouest prédominants.	43 45	18 12
— 15	Vents d'Ouest prédominants.	Vents d'Ouest prédominants.		41 30	24 22
— 20			→	39 22	29 55
Fayal........ 25				36 40	35 05
— 30		→	Calme tropical.	33 40	49 30
— 35	→	Calme tropical.		30 35	45 55
— 40				27 03	49 25
— 45	Calme tropical.		↙	23 35	53 20
— 50		↙		20 06	56 55
— 55.30	↙			16 25	60 35
Martinique... 57.30	Vents alizés N.-E.	Vents alizés N.-E.	Vents alizés N.-E.	14 36	63 21
⟨ 22° 22′ ⟩				Étape loxodromique de 22º 22′ de la Martinique à Saint-Jean.	
Saint-Jean. .. 79.52				10 58	86 0

En jetant les yeux sur la carte annexée à cette notice pour élucider la discussion que nous avons à faire sur la durée des trajets d'aller et de retour, selon la saison et le régime des vents et des courants, l'on peut s'assurer que les routes de Saint-Jean aboutissant à l'ouvert de la Manche et même à Bordeaux ne peuvent s'écarter beaucoup de celles aboutissant à Saint-Nazaire et doivent subir sensiblement les mêmes chances; que les routes d'aller à Saint-Jean doivent pénétrer dans la mer des Antilles par les mêmes points que celle d'aller de Saint-Nazaire, et que les routes de retour doivent sortir de la mer des Antilles par le même point que celle de retour à Saint-Nazaire.

Il n'en est pas de même des routes de Lisbonne et Cadix à Saint-Jean dont nous allons nous occuper.

3. — *Route orthodromique entre Cadix et Saint-Jean de Nicaragua.*

L'arc de grand cercle reliant Cadix à Saint-Jean est libre dans toute son étendue et pénètre dans la mer des Antilles par le canal de la Mona entre Saint-Domingue (Haïti) et Porto-Rico.

Cette route est praticable tant pour l'aller que pour le retour et ne laisse rien à désirer sous le rapport de l'atterrage. Mais, d'après son tracé sur la carte, l'on voit de suite que la route d'aller serait plus favorisée, si elle passait dans le sud de la première pour gagner plus rapidement les vents alisés ; or, d'après les supputations que nous avons faites et que nous produirons plus loin, la route la plus avantageuse pour l'aller passerait par la Martinique. Ainsi cette route se composerait de deux étapes : l'une orthodromique, de Cadix à la Martinique ; l'autre loxodromique, de la Martinique à Saint Jean de Nicaragua, tandis que la route de retour irait directement de Saint Jean à Cadix par l'arc de grand cercle reliant ces points et passant par le canal de la Mona.

Pour faciliter le tracé de ces routes sur les cartes marines,

nous donnerons ici les longitudes et les latitudes de leurs divers
points de passage expacés de 5 en 5 degrés d'arc de grand cercle,
avec les distances de la limite nord de l'alizé ou du calme tropical au point de départ. Ce calme occupant la latitude de 30°
aux mois de juin et juillet, celle de 25° au mois de mars et celle
de 35° au mois de septembre.

Ces distances à ce calme, limite de séparation des vents d'Ouest
prédominants des vents alizés, sont importantes, non-seulement
pour fixer et apprécier la grandeur relative des étapes favorables et défavorables de chaque route et faciliter l'évaluation de
la durée des trajets selon le mois de l'année, mais elles sont
encore indispensables pour déterminer chaque mois le jour de
départ de la traversée la plus favorisée par l'action lunaire,
comme nous le verrons plus loin.

Points de passage et Vents

DE LA ROUTE ORTHODROMIQUE DE SAINT-JEAN A CADIX

Par le canal de la Mona.

DISTANCES A SAINT-JEAN en degrés et dixièmes.	VENTS			LATITUDE NORD.	LONGITUDE OUEST de Paris.
	Mars.	Juin. Décembre.	Septembre		
Cadix........ 72°,3			Vents d'Ouest prédominants.	36°32'	8° 37'
— 67,3				36 20	13 12
— 62,5	Vents d'Ouest prédominants.			35 40	21 17
— 57,5		Vents d'Ouest prédominants.	Calme tropical.	35 0	27 17
— 52,5				33 45	33 17
— 47,5				32 25	38 40
— 42,5				30 40	41 27
— 37,5		Calme tropical.		28 55	49 37
— 32,5				26 45	54 47
— 27,5	Calme tropical.			24 20	59 47
— 22,3				22 0	64 20
— 17,5	Vents alizés N.-E.	Vents alizés N.-E.	Vents alizés N.-E.	19 38	68 57
Mona........ 17				18 25	69 30
				Etape loxodromique de 17° de Saint-Jean a la Mona.	
Saint-Jean.... 0				10 58	86 0

Points de passage et Vents

DE LA ROUTE ORTHODROMIQUE DE CADIX A SAINT-JEAN

Par la Martinique.

DISTANCES A CADIX en degrés et dixièmes.	VENTS — Mars.	VENTS — Juin, Décembre.	VENTS — Septembre.	LATITUDE NORD.	LONGITUDE OUEST de Paris.
Cadix........ 0°			Vents d'Ouest prédominants. ⟶	36°32′	8°37′
— 5			Calme tropical	35 35	15 0
— 10		Vents d'Ouest prédominants.	↙	34 20	20 52
— 15	Vents d'Ouest prédominants.	⟶		32 40	26 30
— 20		Calme tropical.		30 50	32 0
— 25		↙		28 40	37 05
— 30	⟶			26 30	41 20
— 35	Calme tropical.			24 10	47 0
— 40				21 40	52 0
— 45	↙		↙	19 0	56 30
— 50				16 10	60 47
Martinique.... 53,2	Vents alizés N.-E.	Vents alizés N.-E.	Vents alizés N.-E.	14 36	63 21
⟨ 22°,3 ⟩				Etape loxodromique de 22° 20 de la Martinique à Saint-Jean.	
Saint-Jean.,... 73.5				10 58	86 0

CHAPITRE III.

MÉTHODE D'ÉVALUATION DE LA DURÉE DES TRAVERSÉES EN JOURS ET DIXIÈMES DE JOURS.

Un navire filant 10 nœuds emploie 6 heures par jour pour faire 60 milles ou 1 degré ; il fait donc 4 degrés par jour de 24 heures. Donc, en divisant le nombre de degrés renfermés dans la distance à franchir par 4, on aura le nombre de jours de la durée de la traversée.

Un navire filant 12 nœuds emploie 5 heures pour faire 60 milles ou 1 degré ; il fait donc sensiblement 5 degrés en 24 heures. Donc le nombre de jours de la traversée s'obtiendra en divisant par 5 le nombre de degrés renfermés dans la distance.

Un navire filant 15 nœuds emploie 4 heures pour faire 60 milles ou 1 degré ; il fait donc 6 degrés en 24 heures. Donc le nombre de jours de la traversée s'obtiendra en divisant par 6 le nombre de degrés renfermés dans la distance à franchir.

Un navire filant 18 nœuds emploie sensiblement un nombre de jours représenté par la distance à franchir divisée par 7.

En général, si D est le nombre de degrés de la distance à franchir, $D \times 60$ est le nombre de milles qu'elle renferme ; si n est le nombre de nœuds filés ou le nombre de milles faits à l'heure, $\dfrac{D \times 60}{n}$ sera le nombre d'heures de la durée de la traversée, lequel nombre divisé par 24 donnera le nombre de jours.

$$J = \frac{D \times 60}{n \times 24}.$$

Et l'on a log. $J = 0,39794 + \log. D - \log. n$.

A l'aide de cette formule, il serait facile de calculer d'avance la durée des trajets pour toute distance et toute vitesse, et de construire une table à double entrée formée de 100 colonnes verticales portant en tête les distances à franchir depuis 1 degré jusqu'à 100 degrés, et coupée par 20 lignes horizontales portant en marge les vitesses successives, depuis 1 nœud jusqu'à 20 nœuds. A l'intersection de la colonne répondant à une distance donnée, avec la ligne horizontale correspondante à une vitesse donnée, on inscrirait la durée du trajet exprimée en jours. Cette table, une fois formée, la durée de toute route fractionnée par étapes de vitesses constantes, résultantes de la vitesse propre du navire et de celle imprimée par les courants et les vents, pourrait être facilement évaluée en jours, en cherchant dans la table la durée de chaque étape et en faisant la somme de ces durées partielles.

Ce moyen serait très-avantageux s'il s'agissait de trouver les durées d'un très-grand nombre de routes à vitesses variables. Mais le nombre de routes dont nous avons à nous occuper étant restreint, nous évaluerons directement leur durée pour deux types de vitesses propres au navire, celles de 12 nœuds et de 15 nœuds, et nous laisserons au lecteur le soin de conclure les durées relatives à des vitesses intermédiaires à l'aide de simples proportions.

Nous tiendrons compte du vent et du courant en ajoutant 2 nœuds à la vitesse propre du navire, quand ils lui sont favorables, et en retranchant 2 nœuds lorsqu'ils lui sont défavorables.

A cet égard, nos évaluations sont loin d'être exagérées; car tous les marins savent qu'un navire à sec de voiles vent arrière, par une brise modérée, file 2 nœuds, et qu'en outre, il subit l'impulsion de l'eau, dont la vitesse, dans le sens du vent, est de 0,5 nœuds. Ainsi, nous aurions pu hardiment prendre 2,5 nœuds pour la variation de vitesse due au vent et au courant. Cependant, comme nous comptons parmi les vents favorables tous ceux qui ont une composante notable dans le sens de la route, nous avons cru devoir prendre en moyenne 2 nœuds pour la valeur de la vitesse imprimée au navire, quoiqu'en faisant de la toile les vapeurs puissent gagner au moins 4 nœuds, vent arrière.

Le vent par le travers ne donne aucune composante parallèle à la route, mais produit une dérive d'environ 0,5 milles par heure, égale à la dérive produite par le courant, en sorte que le navire fait, dans le sens du vent, 1 mille à l'heure ; on corrigera la route de cette dérive en portant, à partir de la position du navire sur la carte et sur sa route, un nombre de degrés égal au nombre de nœuds filés, et en portant, à partir de ce point, dans le vent, une longueur de 1 degré, puis l'on joindra l'extrémité de cette longueur à la position du navire : ce sera la route corrigée.

Pour simplifier les évaluations de durée des divers trajets dont nous allons nous occuper, nous diviserons ces trajets en étapes favorables et défavorables ; nous considérerons comme se compensant les influences favorables et défavorables sur des longueurs égales, et nous compterons ces longueurs comme neutres ou comme devant être franchies avec la vitesse propre du navire.

L'étape favorable des routes d'aller d'Europe à Saint-Jean de Nicaragua est celle comprise dans les vents alizés ; l'étape défavorable est celle comprise dans la zone des vents d'Ouest.

Pour les routes de retour de Saint-Jean en Europe, l'étape favorable est comprise dans la zone des vents d'Ouest et celle défavorable dans les vents alizés.

La limite de séparation de ces vents se trouvant par 25 degrés de latitude en mars, par 30 degrés en juin et décembre, et par 35 degrés en septembre, l'oscillation annuelle de cette limite fait varier en sens inverse les deux étapes de chaque route : l'une augmente lorsque l'autre diminue, et réciproquement. Les routes d'aller à Saint-Jean sont les plus favorisées en septembre et les routes de retour en mars.

Cette oscillation annuelle de la limite de séparation des vents alizés et des vents d'Ouest ou du calme tropical intermédiaire est produite par les variations de l'attraction solaire avec la déclinaison du soleil ; or, nous démontrerons que l'action lunaire détermine une oscillation analogue dont la période est mensuelle ; ainsi, pendant les déclinaisons Nord de la lune, le calme tropical se déplace vers le Nord, et pendant les déclinaisons Sud de cet astre, il se déplace vers le Sud ; il atteint la limite Nord de cette oscillation mensuelle à la fin des déclinaisons Nord ou au nœud descendant de la lune, et la limite Sud à la fin des déclinaisons Sud ou au nœud ascendant de la lune. Ainsi, chaque mois, les routes d'aller d'Europe à Saint-Jean les plus favorisées seraient celles qui traversent le calme tropical le jour du nœud descendant de la lune, et les routes de Saint-Jean en Europe les plus favorisées seraient celles qui traversent le calme tropical le jour du nœud ascendant de la lune.

En sorte que le jour du départ devrait être déterminé d'après ces conditions. C'est ce que nous ferons à la suite de chacune des supputations de durées des diversées traversées, selon la saison et la vitesse du navire.

Le mouvement d'oscillation mensuelle ayant sa plus grande vitesse vers le Nord au lunistice Nord, et sa plus grande vitesse vers le Sud au lunistice Sud, ces lunistices respectifs substituent au calme tropical, l'un, une légère brise Sud, l'autre, une brise Nord. Du reste, ces lunistices répondant au milieu de l'oscillation mensuelle se rapportent à la position que le calme tropical occupe dans l'oscillation annuelle.

Les évaluations de durée des trajets que nous allons produire pour les positions extrêmes et moyennes du calme tropical dans l'oscillation annuelle se rapportent aux traversées qui perçoivent ce calme aux lunistices et dont le point de départ est réglé d'après cette condition ; ce jour s'obtient facilement à l'aide du nombre de jours nécessaire pour atteindre le calme tropical. Quant aux traversées qui perçoivent ce calme au nœud ascendant ou au nœud descendant, l'une est plus favorisée et assure un trajet plus court que celui évalué ; l'autre est moins favorisé et implique un trajet plus long que celui évalué.

L'étendue de 10° en latitude de l'oscillation annuelle du calme tropical étant due tant à l'action solaire qu'à celle lunaire aux mois de mars et septembre, l'oscillation due à l'action lunaire seule doit être comptée pour les $\frac{2}{3}$ dans l'oscillation annuelle, en sorte que les trajets favorisés par l'action lunaire sont raccourcis de $\frac{1}{3}$ de la différence des trajets de mars et septembre, et ceux non favorisés sont allongés de $\frac{1}{3}$ de cette différence. Pour appeler l'attention des navigateurs sur le rôle important que nous attribuons à l'action lunaire dans la diversité des durées des trajets, nous avons cru devoir indiquer le mode de détermination de cette influence favorable ou défavorable dans chaque cas particulier relatif aux diverses routes que nous avons à discuter. Par là sans doute cette discussion se trouve beaucoup ralentie, mais cet inconvénient se trouve largement compensé par l'avantage de faire entrer dans la pratique de la navigation des données essentielles jusqu'ici demeurées inaperçues et complétement négligées, bien que les navigateurs aient constaté la variabilité des limites des vents alizés. Nous nous réservons de montrer dans la deuxième partie de ce travail le rôle de l'action lunaire dans la production de ces variations, et les périodicités mensuelles et diurnes qu'elle y détermine.

Dans l'état actuel de la science nautique, ce serait trop demander des navigateurs qu'ils tiennent compte de l'oscillation diurne pour déterminer l'heure de départ la plus favorable à la traversée ; ce ne sera que lorsqu'ils se seront habitués à la précision que comporte la détermination du jour de départ le plus favorable qu'ils seront en mesure d'apprécier l'influence de l'heure dans une navigation précise, car, bien qu'ils sachent que la limite des vents alizés varie avec l'heure du jour, il est encore intempestif de les engager à tenir compte de cette variation. Nous dirons seulement que pour les routes dirigées vers l'Équateur, l'heure de départ la plus favorable est celle qui ferait arriver à la latitude du calme tropical le jour au soir, et que, pour les routes dirigées vers le pôle, l'heure de départ la plus favorable est celle qui ferait arriver à la latitude du calme tropical la nuit au matin. Malheureusement les vicissitudes indéterminées de la navigation comportent des mécomptes tels que l'on ne saurait fixer d'avance l'heure à laquelle on atteindra une latitude donnée; dès lors il devient oiseux de se préoccuper de la détermination de l'heure de départ la plus favorable.

Nous avertissons ici le lecteur une fois pour toutes que, pour simplifier les calculs, nous avons exprimé, dans les divers chapitres qui suivent, les distances en degrés et dixièmes de degrés, et les durées de trajets en jours et dixièmes de jours valant chacun 2,4 heures ou $2^h 24^m$.

CHAPITRE IV.

Route orthodromique par le débouquement des Caïques.

Cette route réalise les trajets de moindre durée, parce que son
parcours se rapporte à la distance la plus courte à franchir, que
les routes qui s'en écarteraient dans l'Ouest à partir du débouquement des Caïques sont visiblement plus longues sans être plus
favorisées, et que celles qui s'en écarteraient vers l'Est comme
la route loxodromique sont non-seulement plus longues mais sont
moins favorisées, ayant un plus long trajet à faire dans les vents
alizés contraires. A cet égard il suffit de jeter les yeux sur la carte
pour se couvaincre de la réalité de ces assertions.

Évaluation de la durée du trajet à sec de voiles.

La distance à franchir est de 75 degrés d'arc de grand cercle.

— 1° *En mars*, cette route comprend :

1° une étape de 15° dans le vent alizé défavorable ;
2°   —   5° dans le calme tropical ;
3°   —   55° dans les vents d'Ouest défavorables,

dont 15 degrés se trouvent compensés par les 15 degrés du vent
alizé.

Il y a donc 35 degrés neutres et 40 degrés favorables.

Un navire filant 12 nœuds

Franchira les 35° neutres en $\dfrac{35}{5} = 7$ jours,

Et les 40° favorables avec 14 nœuds en 7ʲ,1.

Durée totale du trajet en 14ʲ,1.

Cette durée implique la perception du calme tropical à l'un des lunistices. Le trajet initial jusqu'à ce calme étant de 15 degrés défavorables qui réduisent la vitesse du navire à 10 nœuds, exige $\dfrac{15}{4} = 4$ jours. Ainsi le départ de Saint-Jean précéderait le lunistice Nord ou Sud de 4 jours, ce qui le fixe à 3 jours après le nœud ascendant ou descendant.

La traversée sera abrégée de 0ʲ,2 si le navire arrive au calme tropical à la fin des déclinaisons Sud de la lune, c'est-à-dire s'il se met en route 4 jours avant le nœud ascendant. La traversée sera allongée de 0ʲ,2 si le navire perçoit le calme tropical à la fin des déclinaisons Nord, c'est-à-dire s'il se met en route 4 jours avant le nœud descendant.

Un navire filant 15 nœuds

Franchira les 35° neutres en $\dfrac{35}{6} = 5ʲ,8$,

Et les 40° favorables avec 17 nœuds en 5ʲ,8.

Durée totale du trajet 11ʲ,6.

Cette durée implique la perception du calme tropical à l'un des lunistices ; or le trajet initial des 15 degrés défavorables avec une vitesse réduite à 13 nœuds exige 2ʲ,8.

Ainsi le navire serait parti de Saint-Jean 3 jours avant l'un des lunistices, ou 4 jours après le nœud ascendant ou descendant de la lune.

L'action lunaire abrégera la durée de la traversée de
0j,2 si le navire perçoit le calme tropical à la fin des déclinaisons Sud de la lune, c'est-à-dire s'il a quitté Saint-Jean
3 jours avant le nœud ascendant. L'action lunaire allongera la
durée de la traversée de 0j,2 si le navire perçoit le calme
tropical à la fin des déclinaisons Nord de la lune, c'est-à-
dire s'il a quitté Saint-Jean 3 jours avant le nœud descendant de
la lune.

— 2° *En septembre*, cette route comprend :

1° Une étape de 30 degrés dans le vent alizé défavorable ;

2° Une étape de 5 degrés dans le calme tropical ;

3° Une étape de 40 degrés dans les vents d'Ouest favorables,
dont 30 degrés se trouvent compensés par les 30 degrés de la
première étape. Ainsi, il y a 65 degrés neutres et 10 degrés favorables.

Un navire filant 12 *nœuds*

Franchira les 65° neutres en $\frac{65}{5} = 13$ jours,

Et les 10° favorables avec 14 nœuds en 1j,7.

Durée totale du trajet 14j,7.

Cette durée implique la perception du calme tropical à l'un des
lunistices ; le trajet initial de 30 degrés défavorables, qui réduisent
la vitesse du navire à 10 nœuds, exige $\frac{30}{4} = 7j,5$.

Ainsi le départ de Saint-Jean doit précéder le lunistice Nord ou Sud
de 7j,5, ce qui fixe ce départ au nœud ascendant ou descendant.

La traversée sera de 14j,5 si le navire perçoit le calme tropical
à la fin des déclinaisons Sud de la lune, ce qui fixe le départ de
Saint-Jean au lunistice Sud.

La traversée sera de 14j,9 si le navire perçoit le calme tropical à la fin des déclinaisons Nord de la lune, ce qui fixe le départ de Saint-Jean au lunistice Nord.

Un navire filant 15 nœuds

Franchira les 65° neutres en $\frac{65}{6} = 10^j,8$.

Et les 10° favorables avec 17 nœuds en $1^j,4$.

Durée totale du trajet $12^j,2$.

Cette durée implique la perception du calme tropical à l'un des lunistices ; or, le trajet initial des 30 degrés défavorables franchis avec la vitesse réduite à 13 nœuds, exige $5^j,7$. Ainsi le navire serait parti de Saint-Jean 6 jours avant l'un des lunistices ou 1 jour après l'un des nœuds.

L'action lunaire abrégera la durée de la traversée de $0^j,2$, si le navire perçoit le calme tropical à la fin des déclinaisons Sud de la lune, c'est-à-dire s'il a quitté Saint-Jean 6 jours avant le nœud ascendant. L'action lunaire allongera la durée de la traversée de $0^j,2$ si le navire perçoit le calme tropical à la fin des déclinaisons Nord de la lune, c'est-à-dire s'il quitte Saint-Jean 6 jours avant le nœud descendant de la lune.

— 3° *En juin et décembre :*

Le calme tropical occupant alors sa position moyenne dans son oscillation annuelle, la durée des trajets des navires qui perçoivent ce calme aux lunistices est la moyenne des durées évaluées pour les mois de mars et septembre. Cette durée moyenne est de $14^j,3$ pour un navire filant 12 nœuds, et de $11^j,9$ pour un navire filant 15 nœuds. Cette moyenne ne différant que de $0^j,2$ des durées évaluées, il en résulte que la route de Saint-Jean de Nicaragua à Saint-Nazaire présente, en toute saison, et par suite aussi en toute lunaison, des chances sensiblement pareilles pour la durée de la traversée.

Nous nous abstiendrons donc de déterminer les jours de départ les plus favorables en juin et décembre, et nous prendrons simplement la moyenne des déterminations faites pour les mois de mars et de septembre. Cette moyenne fixe le départ le plus favorable à 5 jours $\frac{1}{2}$ avant le nœud ascendant, tant pour les vitesses de 12 nœuds que pour celles de 15 nœuds; et le départ le plus défavorable à 5 jours $\frac{1}{2}$ après le nœud descendant.

CHAPITRE V.

----

*Route orthodromique par le canal de la Mona, réalisant le trajet
de moindre durée pourvu d'un bon atterrage.*

Distance à franchir, 77°.

— 1° En *mars*, cette route comprend :

1° Une étape de 50° dans les vents d'Ouest défavorables ;
2°　　—　　　5° dans le calme tropical ;
3°　　—　　　22° sous le vent alizé favorable.

Cette dernière étape compense 22° défavorables de la première.

Il y a donc 49° neutres et 28° défavorables.

Un navire filant 12 nœuds,

Franchira les 49° neutres en.......... $\dfrac{49}{5} = 9^j,8.$

Et les 28° défavorables avec 10 nœuds en $\dfrac{28}{4} = 7$ jours.

Durée totale du trajet............. $16^j,8.$

Cette durée implique l'arrivée au calme tropical à l'un des
lunistices.

Le trajet initial étant de 50° défavorables, sur lesquels la vitesse de 12 nœuds est réduite à 10, exige $\frac{50}{4} = 12^{j},5$.

Le jour de départ doit donc précéder le lunistice de $12^{j},5$, ce qui le fixe à 5 jours avant le nœud ascendant ou descendant de la lune.

Le navire abrégera la durée de sa traversée de $0^{j},3$, s'il arrive au calme tropical à la fin des déclinaisons Nord de la lune, c'est-à-dire s'il se met en route 2 jours après le nœud ascendant ; il allongera sa traversée de $0^{j},3$, s'il arrive au calme tropical à la fin des déclinaisons Sud, c'est-à-dire s'il se met en route 2 jours après le nœud descendant.

Un navire filant 15 nœuds,

Franchira les 49° neutres en..... $\frac{49}{6} = 8^{j},1$,

Et les 28° défavorables avec 13 nœuds en $5^{j},4$.

Durée totale du trajet........ $13^{j},5$.

Cette durée implique l'arrivée au calme tropical à l'un des lunistices. Or, la vitesse du navire étant de 13 nœuds sur les 50° défavorables qui séparent le point de départ du calme tropical, il emploie à les franchir $9^{j},6$. Le navire doit donc se mettre en route $9^{j},6$ avant l'un des lunistices, ou 2 jours avant le nœud ascendant ou le nœud descendant de la lune.

La durée de la traversée sera de $13^{j},2$ si le navire arrive au calme tropical à la fin des déclinaisons Nord de la lune, c'est-à-dire s'il se met en route $9^{j},6$ avant cette fin, ou 5 jours après le nœud ascendant. Au contraire, le navire allongera sa traversée de $0^{j},3$ s'il arrive au calme tropical à la fin des déclinaisons Sud de la lune, c'est-à-dire s'il se met en route $9^{j},6$ avant cette fin, ou 5 jours après le nœud descendant de l'astre. Alors la durée du trajet serait de $13^{j},8$.

— 2° En *septembre*, cette route comprend :

1° Une étape de 34° dans les vents d'Ouest défavorables;
2°　　—　　5° dans le calme tropical ;
3°　　—　　38° dans le vent alizé favorable,

dont 34° se trouvent compensés par les vents d'Ouest de la première étape; il y a donc 73° neutres et 4° non compensés favorables.

Un navire filant 12 *nœuds*

Franchira les 73° neutres en..... $\dfrac{73}{5} = 14^j,6,$

Et les 4° favorables avec 14 nœuds, en...　0^j,7.
____

Durée totale du trajet......... 15^j,1

Cette durée implique l'arrivée au calme tropical à l'un des lunistices.

Le trajet initial étant de 34° défavorables, franchis avec une vitesse de 10 nœuds seulement, il exige $\dfrac{34}{4} = 8^j,5$. Ainsi le jour de départ précède le lunistice de 8^j,5, ce qui le fixe à 2 jours avant le nœud ascendant ou descendant de la lune.

Le navire abrégera la durée de sa traversée de 0^j,3 s'il arrive au calme tropical à la fin des déclinaisons Nord de la lune, c'est-à-dire s'il se met en route 8^j,5 avant le nœud descendant; il allongera sa traversée de 0^j,3 s'il arrive au calme tropical à la fin des déclinaisons Sud, c'est-à-dire s'il se met en route 8^j,5 avant le nœud ascendant de la lune.

Un navire filant 15 *nœuds*

Franchira les 73° neutres en...... $\dfrac{73}{6} = 12^j,1,$

Et les 4° favorables avec 17 nœuds en...　0^j,6.
____

Durée totale du trajet......... 12^j,7.

Cette durée implique l'arrivée au calme tropical à l'un des lunistices. Le trajet initial étant de 34° défavorables qui réduisent la vitesse du navire à 13 nœuds , il exige 6j,5.

Ainsi le jour du départ précède l'un des lunistices de 6j,5.

Il se rapporte donc soit au nœud ascendant soit au nœud descendant.

La durée de la traversée sera moindre que 12j,4 si le navire arrive au calme tropical à la fin des déclinaisons Nord de la lune, c'est-à-dire s'il se met en route 6j,5 avant cette fin ou au lunistice Nord. Au contraire, le navire allongera sa traversée s'il arrive au calme tropical à la fin des déclinaisons Sud de la lune, c'est-à-dire s'il se met en route 6j,5 avant cette fin ou au lunistice Sud, et alors la durée du trajet sera de 13 jours.

— 3° En *juin et décembre,*

Le calme tropical occupant alors sa position moyenne dans l'oscillation annuelle, la durée des trajets des navires qui perçoivent le calme aux lunistices est sensiblement la moyenne des durées évaluées pour les mois de mars et septembre.

Pour le navire filant 12 *nœuds, cette durée moyenne sera de* 15j,9.

La distance de Saint-Nazaire au calme tropical par la route en question étant de 42° compris dans les vents d'Ouest qui réduisent la vitesse de 12 nœuds à 10 nœuds , le navire emploiera $\frac{42}{4} = 10$j,5 à franchir cette distance, et comme il doit arriver au calme tropical aux lunistices Nord ou Sud, il devra partir de Saint-Nazaire 10j,5 avant ce lunistice, ou 4 jours avant le nœud descendant ou ascendant de la lune.

Il abrégera la durée de la traversée de 0j,3 s'il arrive au calme tropical à la fin des déclinaisons Nord de la lune, c'est-à-dire s'il se met en route 10j,5 avant cette fin, ou 4 jours après

le nœud descendant de la lune ; il allongera la durée de la traversée de 0j,3, s'il arrive au calme tropical à la fin des déclinaisons Sud de la lune, c'est-à-dire s'il se met en route 10j,5
avant cette fin, ou 4 jours après le nœud descendant de la lune.

*Pour le navire filant 15 nœuds, la durée de la traversée en
juin et décembre,* moyenne des durées en mars et septembre,
serait de 13j,1. Cette durée implique la perception du calme
tropical aux lunistices. Or, le trajet initial pour y parvenir étant
de 42° dans les vents d'Ouest défavorables qui réduisent la vitesse du navire à 13 nœuds, la durée de ce trajet est de 8 jours.

Ainsi le navire doit partir de Saint-Nazaire 8 jours avant l'un
des lunistices ou 1 jour avant le nœud ascendant ou descendant
de la lune.

Le maximum 0j,3 d'abréviation de la durée de la traversée
se rapportera à la perception du calme tropical à la fin des déclinaisons Nord, et fixera le jour de départ à 8 jours avant le nœud
descendant. Le maximum 0j,3 d'allongement de la durée de la
traversée produit par l'action lunaire se rapportera à la perception du calme tropical à la fin des déclinaisons Sud, ce qui place
le jour de départ à 8 jours avant le nœud ascendant de la lune.

CHAPITRE VI.

1. — *Route loxodromique de Saint-Nazaire à Saint-Jean de Nicaragua par le canal de la Mona.*

Cette route traverse les Açores en rangeant la pointe Ouest de San-Miguel; elle est plus longue que celle orthodromique; mais elle offre un plus long parcours dans les vents alizés favorables et un moindre dans les vents d'Ouest défavorables, et il en résulte que le trajet loxodromique est de même durée que celui orthodromique; de plus, ces deux routes subissent sensiblement la même action lunaire; mais si, à cet égard, le choix entre elles semble indifférent, il n'en est pas de même en ce qui concerne l'atterrage, car la route loxodromique faisant, avec la direction Est et Ouest des terres de Porto-Rico, un angle beaucoup plus aigu que la route orthodromique, se rapproche de l'Anégada et reporte sur l'atterrage l'incertitude inévitable de la longitude du navire, tandis que l'atterrage orthodromique se faisant principalement en latitude, participe à la précision des latitudes observées, et s'opère à bonne distance de l'Anégada.

Ainsi, la route orthodromique de Saint-Nazaire à Saint-Jean de Nicaragua, par le passage de la Mona, est préférable à celle loxodromique.

L'avantage de desservir la Martinique devant entrer en ligne de compte, lors même qu'il en résulterait une augmentation dans la durée du trajet de Saint-Nazaire à Saint-Jean, abstraction faite du temps de station à la Martinique, indispensable au débarquement et à l'embarquement des passagers et des marchandises ; nous allons discuter les routes orthodromique et loxodromique de Saint-Nazaire à Saint-Jean, en passant par la Martinique.

2. — *Route orthodromique de Saint-Nazaire à Saint-Jean de Nicaragua par la Martinique.*

Distance à franchir, 79°,9.

— 1° *En mars*, cette route comprend :

1° Une étape de 42°   dans les vents d'Ouest défavorables ;
2°   —   5°   dans le calme tropical ;
3°   —   32°,9 dans les vents alizés favorables.

Ces derniers compensent les vents défavorables sur 32°,9. Ainsi, il y a 70° neutres et 10° défavorables.

Un navire filant 12 nœuds

Franchira les 70° neutres en. . . . . $\dfrac{70}{5} =$ 14 jours.

Et les 10° défavorables avec 10 nœuds en $\dfrac{10}{4} =$ 2ʲ,5

$$\overline{}$$

Durée totale du trajet. 16ʲ,5

Cette durée implique l'arrivée au calme tropical à l'un des lunistices ; le trajet initial étant de 42° défavorables, qui réduisent la vitesse à 10 nœuds, il exige $\dfrac{42}{4} =$ 10ʲ,5.

Ainsi, le jour de départ doit procéder le lunistice de 10ʲ,5, ce qui le fixe à 3 jours avant le nœud ascendant ou descendant de la lune.

L'action lunaire abrégera la traversée de 0,ʲ3, si le navire arrive au calme tropical à la fin des déclinaisons Nord de la lune, c'est-à-dire s'il se met en route 3 jours après le nœud ascendant; elle allongera la traversée de 0j,3, si le navire passait le calme tropical à la fin des déclinaisons Sud, c'est-à-dire, s'il se met en route 3 jours après le nœud descendant de la lune.

Un navire filant 15 nœuds

Franchira les 70° neutres en.......... $\dfrac{70}{6} = 11j,7$

Et les 10° défavorables avec 13 nœuds en　　1j,9

Durée totale du trajet....... 13j,6

Cette durée implique l'arrivée au calme tropical à l'un des lunistices; or, le trajet initial pour y parvenir étant de 42° dans les vents d'Ouest défavorables, qui réduisent la vitesse du navire à 13 nœuds, la durée de ce trajet est de 8 jours. Ainsi, le navire doit partir de Saint-Nazaire 8 jours avant l'un des lunistices ou 1 jour avant le nœud ascendant ou descendant de la lune.

Le navire abrégera de 0j,3 la durée de sa traversée, s'il arrive au calme tropical à la fin des déclinaisons Nord de la lune, c'est-à-dire s'il se met en route 8 jours avant cette fin ou avant le nœud descendant; au contraire, la traversée sera allongée de 0j,3, si le navire arrive au calme tropical à la fin des déclinaisons Sud de la lune, c'est-à-dire s'il se met en route 8 jours avant cette fin ou avant le nœud ascendant de la lune.

— 2° *En septembre*, cette route comprend :

1° Une étape de 27°　　dans les vents d'Ouest défavorables ;
2°　　—　　5°　　dans le calme tropical ;
3°　　—　　47°,9　dans les vents alizés favorables.

Dont 27° se trouvent compensés par les 27° de vents d'Ouest ; il y a donc 59° neutres et 20°,9 favorables.

Un navire filant 12 nœuds

Franchira les 59° neutres en.......... $\dfrac{59}{5} = 11^{j}.8$

Et les 20° 9′ favorables avec 14 nœuds en $3^{j},7$

____

Durée totale du trajet....... $15^{j},5$

Cette durée implique l'arrivée au calme tropical à l'un des lunistices; le trajet initial étant de 27° défavorables franchis avec une vitesse de 10 nœuds, il exige $\dfrac{27}{4} = 6^{j}.8$.

Ainsi, le jour de départ doit précéder le lunistice de $6^{j},8$, ce qui le fixe au nœud ascendant ou au nœud descendant de la lune.

La traversée sera abrégée de $0^{j},3$, si le navire arrive au calme tropical à la fin des déclinaisons Nord de la lune, c'est-à-dire s'il se met en route 7 jours avant cette fin ou avant le nœud descendant. La traversée sera allongée de $0^{j},3$, si le navire arrive au calme tropical à la fin des déclinaisons Sud, c'est à-dire s'il se met en route 7 jours avant le nœud ascendant de la lune.

Un navire filant 15 nœuds

Franchira les 59° neutres en.......... $\dfrac{59}{6} = 9^{j},8$

Et les 20° 9′ favorables avec 17 nœuds en   3 jours.

____

Durée totale du trajet........ $12^{j},8$

Cette durée implique l'arrivée au calme tropical à l'un des lunistices; or, le trajet initial de 27° défavorables, franchis avec une vitesse de 13 nœuds seulement, exige $5^{j},2$.

Ainsi, le navire, pour réaliser la durée totale ci-dessus, devra partir de Saint-Nazaire 5 jours avant l'un des lunistices ou 2 jours après le nœud, soit ascendant, soit descendant.

Cette durée sera abrégée de 0ʲ,3, si le navire arrive
au calme tropical à la fin des déclinaisons Nord de la lune,
c'est-à-dire s'il se met en route 5 jours avant le nœud descendant de la lune. Au contraire, la durée ci-dessus sera allongée
de 0ʲ,3, si le navire arrive au calme tropical à la fin des déclinaisons Sud, c'est-à-dire s'il se met en route 5 jours. avant le
nœud ascendant de la lune.

— 3° *En juin et décembre :*

Le calme tropical occupant alors sa position moyenne dans
son oscillation annuelle, la durée des trajets des navires qui
perçoivent ce calme aux lunistices est la moyenne des durées évaluées pour les mois de mars et septembre.

Pour le navire filant 12 *nœuds, cette durée moyenne sera*
16 *jours ;* en juin et décembre, l'étape initiale des vents d'Ouest
défavorables est de 35 degrés, et la vitesse du navire y est de
10 nœuds. Ce trajet exige donc $\frac{35}{4} = 8ʲ,8$ pour arriver au calme
tropical ou lunistice soit Nord soit Sud ; le navire devra donc partir
9 jours avant ce lunistice ou 5 jours avant le nœud ascendant
ou descendant de la lune.

La traversée sera abrégée de 0ʲ,3, si le navire arrive au calme
tropical à la fin des déclinaisons Nord de la lune, c'est-à-dire
s'il se met en route 5 jours après le nœud ascendant.

Au contraire, la traversée sera allongée de 0ʲ,3 par l'action
lunaire, si le navire arrive au calme tropical à la fin des
déclinaisons Sud de la lune, c'est-à-dire s'il se met en route
5 jours après le nœud descendant de la lune.

Pour le navire filant 15 nœuds, la durée de la traversée, en
juin et décembre, moyenne des durées évaluées pour mars et
septembre, sera de 13ʲ,2.

Cette durée implique la perception du calme tropical aux
lunistices.

Or , le trajet initial pour y parvenir étant de 35°, et la vitesse du navire y étant réduite à 13 nœuds, ce trajet exige 6ʲ,7.

Ainsi, le navire doit partir de Saint-Nazaire 7 jours avant l'un des lunistices ou au nœud soit ascendant, soit descendant. La durée de 13ʲ,2 sera réduite à 12ʲ,9 par l'action lunaire, si le navire arrive au calme tropical à la fin des déclinaisons Nord de la lune, ce qui fixe son départ de Saint-Nazaire à 7 jours avant cette fin ou au lunistice Nord. La durée de 13ʲ,2 sera allongée de 0ʲ,3 par l'action lunaire, si le navire arrive au calme tropical à la fin des déclinaisons Sud de la lune, ce qui place le jour de départ de Saint-Nazaire à 7 jours avant cette fin ou au lunistice Sud.

3. — *Route loxodromique de Saint-Nazaire à Saint-Jean de Nicaragua par la Martinique.*

Distance à franchir 81°,4.

— *1° En mars*, cette route comprend :

40,4 degrés défavorables, 36 degrés favorables et 5 degrés de calme.
Ou 77 degrés neutres et 4°,4 défavorables.

Un navire filant 12 nœuds

Franchira les 77° neutres en $\dfrac{77}{5} =$ 15ʲ,5

Et les 4°,4 défavorables, avec 10 nœuds

en $\dfrac{4,4}{4} =$ 1ʲ,1

____

Durée total du trajet............... 16ʲ,6

Ce trajet est plus long de 0ᴶ,1 que par la route orthodromique.

— 2° *En septembre*, cette route comprend :

22° défavorables ;
 5° de calme ;
34°,4 favorables,
Ou 49° neutres et 32° favorables.

Un navire filant 12 *nœuds* :

Franchira les 49° neutres en $\frac{49}{5} = 9^J,8$,

Et les 32° favorables avec 14 nœuds en 5ᴶ,7.

Durée totale du trajet. 15ᴶ,5

Même durée que par la route orthodromique.

4. *Conclusion de ce chapitre.*

En résumé :

Le trajet de plus courte durée de Saint-Nazaire à Saint-Jean
est fourni par la route orthodromique du passage de la Mona ;
celle loxodromique, quoique de même durée, n'offrant pas la
même sécurité pour l'atterrage, doit être rejetée.

La route, soit orthodromique, soit loxodromique, passant par
la Martinique, allongerait peu la durée du trajet en mer, et la dernière offrirait en outre en été l'avantage d'être moins exposée
aux Tornados des Açores qui s'étendent rarement dans le Sud-Est
de ces îles ; mais le temps de station à la Martinique s'ajoute
forcément à la durée des trajets, et l'on ne saurait éviter cet
inconvénient imposé par la nécessité de desservir cette colonie.

Du reste, toutes les évaluations que nous avons produites se rapportent à des traversées exécutées à sec de voiles. Si les navires faisaient de la toile vent arrière, leur vitesse s'augmentant dans les étapes favorables de 2 nœuds au moins ou de $\frac{1}{6}$ de celle des navires filant 12 nœuds, la durée de leurs traversées serait réduite de $\frac{1}{12}$ là où l'étape favorable comprend la moitié du trajet, en sorte qu'une durée évaluée à 12 jours serait réduite à 11 jours.

· Ainsi, loin d'être exagérées en faiblesse, les durées ci-dessus évaluées sont susceptibles de réduction.

A cet égard, ce sont surtout les routes d'aller à Saint-Jean, notamment celle loxodromique passant par la Martinique, favorisée par les vents alizés dans une grande étendue, qui présenteront une réduction notable et certaine dans la durée des trajets aux navires à vapeur faisant de la toile vent arrière. Cette réduction pourra effacer complétement la différence entre les trajets d'aller et celui de retour direct de Saint-Jean à Saint-Nazaire, et donner une prépondérance marquée à la route loxodromique de Saint-Nazaire à Saint-Jean par la Martinique sur celle orthodromique par le canal de la Mona, abstraction faite du temps de station à la Martinique.

Au contraire, pour le retour en France, la durée de la traversée par la route loxodromique de Saint-Jean à Saint-Nazaire par la Martinique excéderait de 3 jours la durée du trajet direct orthodromique; c'est ce qui résulte du rapprochement de cette dernière durée et de celle que nous allons évaluer.

ROUTE LOXODROMIQUE DE SAINT-JEAN DE NICARAGUA A SAINT-NAZAIRE PAR LA MARTINIQUE.

Distance à franchir, 81°,4.

En mars, cette route comprend 36° 4′ défavorables, 5° de calme et 40° favorables, ou 77° neutres et 4° 4′ favorables.

Un navire filant 12 nœuds

Franchira les 77° neutres en.......... $\dfrac{77}{5} = 15^j,5$

Et les 4°,4 favorables avec 14 nœuds en $0^j,8$

Durée totale du trajet....... $16^j,3$

Tandis que le trajet orthodromique est de 14 jours.

En septembre, cette route comprend :

22° favorables, 5° de calme et 54,°4 défavorables, ou 49° neutres et 32° défavorables.

Un navire filant 12 nœuds

Franchira les 49° neutres en.......... $9^j,8$

Et les 32° défavorables avec 10 nœuds en $\dfrac{32}{4} =$ 8 jours.

Durée totale du trajet...... $17^j,8$

Tandis que celle du trajet orthodromique est de $14^j,7$.

Ainsi, les navires filant 12 nœuds qui retourneraient de Saint-Jean à Saint-Nazaire, en passant par la Martinique, allongeraient leur traversée de 3 jours, sans compter la station à la Martinique qui sera de 36 heures pour les paquebots transatlantiques de Saint-Nazaire.

CHAPITRE VII.

DURÉES D'ENSEMBLE DES TRAJETS MENSUELS D'ALLER ET DE
RETOUR ENTRE SAINT-NAZAIRE ET SAINT-JEAN DE NICARAGUA,
EN PASSANT PAR LA MARTINIQUE POUR L'ALLER ET PAR LES
CAÏQUES POUR LE RETOUR.

En mars, le trajet d'aller et retour de Saint-Nazaire à Saint-Jean,
pour un navire filant 12 nœuds, exige $16^j,5 + 14^j,1 = 30^j,6$

Pour un navire filant 15 nœuds... $13^j,6 + 11^j,6 = 25^j,8$

Partageant en 3 la différence $5^j,4$
il vient $1^j,8$.

D'où résultent les durées suivantes du parcours d'aller et de
retour, pour un navire filant 12 nœuds, $30^j,6$.

13	28
14	27
15	$25^j,2$

En septembre, le trajet d'aller et de retour de Saint-Nazaire à
Saint-Jean de Nicaragua, pour un navire filant 12 nœuds, est
de.................................... $15^j,5 + 14^j,7 = 30^j.2$
Pour un navire filant 15 nœuds.... $12^j,8 + 12^j,2 = 25^j$.

D'où résultent les durées suivantes du parcours d'aller et de retour, pour un navire filant 12 nœuds, 30j,2.

13	28j,4
14	26j,7
15	25j.

— 3° En *juin* et *décembre* :

Pour un navire filant 12 nœuds la durée de la route d'aller et de retour, de Saint-Nazaire à Saint-Jean, se compose de 16 jours + 14j,3 = 30j,3 de mer.

Pour un navire filant 15 nœuds, les trajets sont de 13j,2 + 11j,9 = 25j,1; partageant en 3 la différence 5j,2, des durées de ces deux trajets d'ensemble il vient 1j,7.

D'où résultent les durées suivantes du parcours d'aller et retour, pour un navire filant 12 nœuds 30j,3

13	28j,4
14	26j,8
15	25j,1

L'on voit que la durée totale de l'ensemble des trajets d'aller et de retour est sensiblement invariable toute l'année; cela résulte de ce que les trajets respectifs d'aller et de retour sont modifiés en sens inverse par l'oscillation annuelle de la limite Nord de l'alizé. L'un de ces trajets étant raccourci et l'autre allongé sensiblement de la même quantité, il en résulte une compensation dans la durée totale de l'ensemble des deux trajets exécutés le même mois. Toutefois cette compensation n'existe que par rapport à l'influence de l'action solaire, et non en ce qui concerne l'action lunaire, car cette action changeant de signe de 15 en 15 jours, si elle est favorable à la route d'aller, elle l'est également à la route de retour exécutée 15 jours après. Ainsi l'ensemble des deux routes présentera une abréviation de durée égale à la somme des abréviations du chemin d'aller, si le départ de

Saint-Nazaire est réglé de manière à percevoir le nœud descendant de la lune sur la latitude du calme tropical.

Au contraire, l'ensemble des deux routes d'aller et de retour présentera un allongement de durée égal à la somme des allongements de chacune d'elles si le départ de Saint-Nazaire est réglé de manière à percevoir le nœud ascendant de la lune sur la latitude du calme tropical.

Ainsi, lorsque chacune des deux routes d'aller et de retour est abrégée ou allongée d'un jour, l'ensemble des deux routes se trouve abrégé ou allongé de 2 jours, d'où résulte une différence de 4 jours entre deux ensembles de trajets exécutés à 15 jours d'intervalle, et cette différence pourra être réalisée chaque mois de l'année en satisfaisant aux conditions de départ définies ci-dessus. Mais si le départ de Saint-Nazaire est réglé de manière à arriver au calme tropical à l'un des lunistices, ce calme occupant alors la position moyenne de son oscillation mensuelle sur les deux routes d'aller et de retour, position qui coïncide avec celle que le calme tropical occupe dans son oscillation annuelle, l'influence lunaire est nulle, et comme l'influence solaire est inverse sur les deux trajets inverses et se trouve compensée sur leur ensemble, il en résulte que tous les mois de l'année cet ensemble présentera la même durée, si le départ de Saint-Nazaire est réglé de manière à arriver au calme tropical à l'un des lunistices.

Quand on possédera un certain nombre de trajets d'ensemble mensuels exécutés par un même navire ou par des navires de même vitesse il sera facile de vérifier les faits que nous venons d'énoncer en comparant les durées de ces trajets d'ensemble. Cette vérification offrant un grand intérêt pratique et théorique, elle donne une haute importance aux journaux de route des paquebots transatlantiques, qui devront être précieusement conservés et centralisés pour en faciliter le dépouillement.

CHAPITRE VIII.

CONSÉQUENCES RELATIVES AU SERVICE DES PAQUEBOTS TRANS-
ATLANTIQUES DE SAINT-NAZAIRE A ASPINVAL PAR LA MARTI-
NIQUE, ET DE SOUTHAMPTON A ASPINVAL PAR SAINT-THOMAS.

Le service d'Aspinval devant se transformer en service de
Saint-Jean dès le commencement des travaux du canal de Nicaragua, nous allons mettre en regard des durées d'ensemble des
trajets mensuels que nous venons d'évaluer, les durées d'ensemble des trajets loxodromiques imposés aux paquebots transatlantiques de Saint-Nazaire à Saint-Jean par la Martinique. Ces
dernières durées se composent, pour *un navire filant* 12 nœuds,

De 16j,6 + 16j.3 = 32j,9 de mer en mars.
De 15j,5 + 17j,8 = 33j,3 — en septembre.
— — 33 — en juin et décembre.

Les durées d'ensemble évaluées ci-devant relatives à la même
vitesse

Sont de — 30j,6 en mars.
— — 30j,2 en septembre.
— — 30j,3 en juin et décembre.

Ainsi les paquebots transatlantiques sous leur vitesse d'essai
auront 3 jours de route de plus à faire, résultant de l'obligation
qui leur est imposée par le cahier des charges de revenir par la
Martinique.

Or, ces trois jours de marche représentent une dépense de plus
de 15,000 fr. en consommation de charbon et de vivres. Le service projeté met donc à la charge de la Compagnie une perte no-

table de temps, d'argent et de matériel ; de plus il implique d'immenses difficultés et exige la construction de deux grandes cales
de débarquement à la Martinique ; car le bateau en destination de
Saint-Jean et celui qui retourne à Saint-Nazaire doivent se trouver en même temps à la Martinique, pour y prendre, l'un 800 tonneaux de charbon pour aller à Saint-Jean et revenir à la Martinique,
l'autre 1,200 tonneaux de charbon pour effectuer son retour en
France, ce qui fait un mouvement de 2,000 tonneaux à joindre au
renouvellement de l'eau et des provisions de bouche, au débarquement et embarquement, tant des passagers et de leurs bagages
que des marchandises et des matelas de rechange des cabines.
Tout cela devra se faire en 36 heures pour 2 navires à la fois et
sur le même point, les cales d'embarquement devant être juxta-
posées.

Quel encombrement et quelle confusion !

Sans nul doute les difficultés inhérentes à une pareille organi-
-sation de service forceront de songer sérieusement à s'en affranchir et suggéreront naturellement l'idée de faire opérer le retour
des paquebots par la route directe de Saint-Jean ou d'Aspinval à
Saint-Nazaire. Alors 4 heures de station à la Martinique suffiraient
au service de cette colonie ; il n'y aurait pas à y faire un dépôt
de charbon, et une seule cale d'embarquement serait suffisante,
même à supposer qu'elle soit nécessaire, car le renouvellement
de la provision de charbon se ferait, soit à Saint-Jean, soit à la
Jamaïque, soit à Cuba, si l'on craignait d'encombrer le port de
Saint-Jean par une station trop prolongée.

Ce service assurerait aux paquebots français les passagers et
les marchandises de la partie occidentale de la mer des Antilles,
comme aussi ceux de Tampico, de la Véra-Cruz, de la Nouvelle-
Orléans, qui sans cela préféreront toujours revenir en Europe,
soit par les paquebots anglais, soit par ceux américains se rendant
à New-York, plutôt que d'allonger leur traversée en passant par
la Martinique.

Les intérêts bien entendus de la Compagnie des paquebots

transatlantiques français militent donc en faveur de leur retour direct de Saint-Jean de Nicaragua à Saint-Nazaire, car à cette condition seulement ils n'auraient rien à redouter de la concurrence anglaise et américaine, et en même temps, non-seulement ils se trouveraient affranchis des difficultés presque insurmontables inhérentes au service de la Martinique tel qu'il est réglé par le cahier des charges, mais ils réaliseraient une économie notable en temps et en argent. Enfin, ils seraient assurés de participer alors au transport du matériel et du personnel d'exécution du canal de Nicaragua, comme aussi à celui des immigrants appelés à peupler les terres de la concession, tandis qu'une halte de trente-six heures à la Martinique, à chaque voyage, détournerait cette source de profits dont le courant se reporterait évidemment sur la voie plus directe du canal de la Mona, destinée à devenir dans ce cas celles des paquebots interocéaniques.

Tout ce que nous venons de dire du service des paquebots transatlantiques français s'applique, dans une certaine mesure, au service des paquebots anglais de Southampton à Aspinval par Saint-Thomas, qui ont aujourd'hui le monopole de la mer des Antilles, et qui sans doute les premiers desserviront Saint-Jean de Nicaragua.

Les faibles différences qui résultent de nos supputations de durées des trajets, soit orthodromiques, soit loxodromiques d'aller de Saint-Nazaire à Saint-Jean, soit par la Mona, soit par la Martinique, provenant de ce que les routes plus longues se trouvent plus favorisées par les vents alizés qui compensent l'allongement de la route, nous pouvons inférer de ces faibles différences que toutes les routes intermédiaires, notamment celle passant par Saint-Thomas, présenteraient la même durée ; d'où nous conclurons que la route d'aller de Southampton à Saint-Jean de Nicaragua n'a rien à gagner à ne pas desservir Saint-Thomas, même en comptant le crochet qu'entraîne l'atterrage forcé sur les îles Saint-Martin et de Saint-Barthelemy, pour éviter l'Anégada, située sur la route directe. Mais si la route de

Southampton à Saint-Jean, en passant par Saint-Thomas, se trouve dans les conditions des routes les plus favorisées pour l'aller, il n'en est pas de même pour le retour; car si le retour par la Martinique allonge les traversées de trois jours sous la vitesse d'essai, le retour par Saint-Thomas sous la même vitesse doit entraîner un allongement d'au moins deux jours sur la route de Saint-Jean à Southampton par le débouquement des Caïques, sans compter le temps de station à Saint-Thomas, qui se prolonge souvent des semaines entières à la grande désolation des passagers.

Sans doute dès que la concurrence française entrera en lice, on se hâtera de remédier à ce dernier inconvénient, mais restera toujours celui de l'allongement de la route de retour, qui constitue les paquebots de Southampton en perte d'au moins 10,000 fr. à chaque voyage.

Or, cette perte de temps et d'argent, qui sous les vitesses moyennes actuelles peut se monter au double, se trouverait supprimée s'ils revenaient directement de Saint-Jean par le débouquement des Caïques. Ce retour direct leur offrirait en outre l'avantage de desservir les intérêts anglais de la Jamaïque, dont l'importance excède de beaucoup ceux de Saint-Thomas.

L'on peut donc prévoir que l'ouverture du canal de Nicaragua transformera inévitablement la station centrale de Saint-Thomas en simple station de passage des paquebots interocéaniques anglais.

Telles nous paraissent être les conséquences immédiates de cette entreprise internationale.

CHAPITRE IX.

———

1.—*Route orthodromique de Saint-Jean de Nicaragua à Cadix par le passage de la Mona réalisant les trajets de moindre durée.*

Distance à franchir, 72°,5.

— 1° *En mars*, cette route comprend : ·

1° Une étape de 28°   dans le vent alizé défavorable.
2°   —   5°   dans le calme tropical.
3°   —   39°,5 dans les vents d'Ouest favorables.

Dont 16 degrés se trouvent composés par les **28** degrés du vent alizé ; il y a donc 61 degrés neutres et 11°,5 favorables.

Un navire filant **12** *nœuds*

Franchira les 61° neutres en $\dfrac{61}{5} = 12^{j},2,$

Et les 11°,5 fav. avec 14 neutres en   2 jours.

———

- Durée totale du trajet.... 14ʲ,2.

Dans cette durée le calme tropical doit répondre à un lunistice.

Or, le trajet des 28 degrés défavorables avec une vitesse ré-

duite à 10 nœuds, exige $\dfrac{28}{4} = 7$ jours ; donc le navire doit quitter Saint-Jean 7 jours avant un lunistice ou à l'un des nœuds soit
ascendant, soit descendant.

La traversée la plus favorisée sera de 13ʲ,3 si le navire quitte
Saint-Jean 7 jours avant la fin des déclinaisons Sud ou avant le
nœud ascendant de la lune.

La traversée la plus allongée sera de 15ʲ,1 si le navire quitte
Saint-Jean 7 jours avant la fin des déclinaisons Nord ou avant le
nœud descendant de la lune.

Ainsi il y a près de 2 jours de différence entre la traversée favorisée et celle allongée.

Un navire filant 15 nœuds

Franchira les 61° neutres en . . . . $\dfrac{61}{6} = 10ʲ,2,$

Et les 11°,5 favor. avec 17 nœuds en   1ʲ,7.
____
Durée totale du trajet . . . .   11ʲ,9.

Dans cette durée le calme tropical doit répondre à un lunistice.

Or, le trajet initial des 28 degrés défavorables qui aboutissent
à ce calme sous une vitesse réduite à 13 nœuds, exige 5ʲ,4; donc
le navire doit quitter Saint-Jean 5 jours avant un lunistice ou
2 jours après un nœud soit ascendant, soit descendant.

La traversée la plus favorisée par l'oscillation mensuelle du
calme tropical sera de 11ʲ,4 si le navire quitte Saint-Jean 5 jours
avant la fin des déclinaisons Sud ou avant le nœud ascendant de
la lune ; la traversée la plus allongée par cette oscillation sera
de 12ʲ,4 si le navire quitte Saint-Jean 5 jours avant la fin des
déclinaisons Nord ou avant le nœud descendant de la lune.

L'on voit qu'il y a 1 jour de différence entre la durée de la
traversée la plus favorisée par l'action lunaire et celle la moins
favorisée.

— 2° *En septembre*, cette route comprend :

1° Une étape de 57°,5 dans le vent alisé défavorable.

2°   —   5°   dans le calme tropical.

2°   —   10°   dans les vents d'Ouest favorables.

Il y a donc 47 degrés 5 défavorables et 25 degrés neutres.

Un navire filant 12 nœuds

Franchira les 25° neutres en...... $\dfrac{25}{5}$ = 5 jours,

Et les 47°,5 défav. avec 10 nœuds en $\dfrac{47,5}{4}$ = 11j,9.

Durée totale du trajet........ 16j,9.

Dans cette durée le calme tropical doit répondre à un lunistice. Or, le trajet de 57 degrés 5 défavorables avec une vitesse réduite à 10 nœuds exige $\dfrac{57,5}{4}$ = 11j,9; donc le navire doit quitter Saint-Jean 12 jours avant un lunistice, ou 5 jours avant un nœud ascendant ou descendant. La traversée la plus favorisée sera de 16 jours si le navire quitte Saint-Jean 12 jours avant la fin des déclinaisons Sud ou 3 jours après le nœud descendant de la lune.

La traversée la moins favorisée sera de 17 jours 2 heures si le navire quitte Saint-Jean 12 jours avant la fin des déclinaisons Nord ou 3 jours après le nœud ascendant de la lune.

Un navire filant 15 nœuds

Franchira les 25° neutres en........ $\dfrac{25}{6}$ = 4j,2,

Et les 47°,5 défavorables avec 13 nœuds en.... 9j,1.

Durée totale du trajet.............. 13j,3.

Dans cette durée, le calme tropical doit répondre à un lunistice; or, le trajet de 57°,5 défavorables avec une vitesse réduite à 13 nœuds exige 11 jours; donc le navire doit quitter

Saint-Jean 11 jours avant un lunistice ou 4 jours avant un nœud ascendant ou descendant.

La traversée la plus favorisée sera de 12j,5 si le navire quitte Saint-Jean 11 jours avant la fin des déclinaisons Sud ou 4 jours après le nœud descendant de la lune.

La traversée la moins favorisée sera de 13j,8 si le navire quitte Saint-Jean 11 jours avant la fin des déclinaisons Nord, ou 4 jours après le nœud ascendant de la lune.

L'on voit que, dans ce cas, il y a 1j,3 de différence entre la durée du trajet la plus favorisée par l'action lunaire et celle la moins favorisée ; une pareille différence ne saurait demeurer inaperçue par les navigateurs dans les traversées régulières espacées de 15 en 15 jours ; il suffit donc de la signaler à leur attention comme pouvant être facilement vérifiée par l'observation.

— 3° *En juin et décembre :*

Le calme tropical occupant sa position moyenne annuelle, la durée des trajets des navires qui traversent ce calme aux lunistices de juin et décembre est la moyenne des durées évaluées pour les traversées des mois de mars et septembre.

Cette moyenne est 15j,5 pour le navire filant 12 nœuds.

Ce navire ayant à franchir 42 degrés défavorables pour atteindre le calme tropical sur le parallèle de 30 degrés avec une vitesse réduite à 10 nœuds, il emploie $\frac{42}{4} = 10j,5$.

Il doit donc quitter Saint-Jean 10 jours avant un lunistice ou 3 jours avant un nœud ascendant ou descendant.

La traversée la plus favorisée sera de 14j,6 si le navire quitte Saint-Jean 10 jours avant la fin des déclinaisons Sud, ou 5 jours après le nœud descendant.

La traversée la moins favorisée sera de 16j,4 si le navire quitte Saint-Jean 10 jours avant la fin des déclinaisons Nord, ou 5 jours après le nœud ascendant de la lune ; en sorte qu'il

y a 1j,8 de différence entre la traversée favorisée et celle allongée par l'action lunaire.

Pour un navire filant **15 nœuds**, la moyenne des durées évaluées pour les traversées de mars et de septembre est 12j,6,
ce sera la durée de la traversée en juin et en décembre quand
le navire percevra le calme tropical à un lunistice. Or, ce
calme est éloigné de Saint-Jean de 42 degrés défavorables ré-
duisant la vitesse à 13 nœuds, et ce trajet exige 8 jours. Le
navire doit donc quitter Saint-Jean 8 jours avant un lunistice ou
1 jour avant un nœud ascendant ou descendant.

La traversée la plus favorisée sera de 11j,8 si le navire quitte
Saint-Jean 2 jours avant la fin des déclinaisons Sud, ou avant le
nœud ascendant de la lune.

La traversée la moins favorisée sera de 13 jours 4 heures si le
navire quitte Saint-Jean 8 jours avant la fin des déclinaisons Nord
ou avant le nœud descendant de la lune .

2. — *Route orthodromique de Cadix à Saint-Jean-de-Nicaragua
par la Martinique.*

Distance à franchir : **75°5.**

— 1° *En mars*, cette route comprend :

1° Une étape de 33° dans les vents d'Ouest défavorables ;
2°   —   5° dans le calme tropical ;
3°   —   37°5 dans le vent alizé favorable, dont
33 degrés sont compensés par la 1ʳᵉ étape défavorable.

Il y a donc 71 degrés neutres et 4°,5 favorables.

Un navire filant **12 nœuds**

Franchira les 71 degrés neutres en $\frac{71}{5}$ = 14j,2,

Et les 4°,5 favorables avec 14 nœuds en 0j,8.

———————————————

Durée totale du trajet. . . . 15 jours.

Dans cette durée, le calme tropical doit répondre à un lunistice; or, le trajet initial jusqu'à ce calme étant de 33 degrés défavorables qui réduisent la vitesse à 10 nœuds, il exige $\frac{33}{4} = 8^j,2$. Le jour de départ de Cadix répond donc à 8 jours avant le lunistice Nord ou Sud, ou à 1 jour avant le nœud ascendant ou descendant.

La traversée sera de $14^j,4$ si le navire perçoit le calme à la fin des déclinaisons Nord, ce qui fixe le départ de Cadix à 8 jours avant le nœud descendant de la lune.

La traversée sera de 15 jours 6 heures si le navire perçoit le calme à la fin des déclinaisons Sud de la lune, ce qui fixe son départ de Cadix à 8 jours avec le nœud ascendant.

Un navire filant 15 nœuds

Franchira les 71 degrés neutres en $\frac{71}{6} = 11^j,8$,

Et les $4°,5$ favorables avec 17 nœuds en

$$0^j,6.$$

Durée totale du trajet.... $12^j,4$.

Dans cette durée, le calme tropical doit répondre à un lunistice; or, le trajet initial de 33 degrés défavorables franchis avec la vitesse réduite de 13 nœuds exige $6^j,3$. Donc le départ de Cadix relatif à la durée ci-dessus se rapporte à 6 jours avant les lunistices, ou à 1 jour après le nœud ascendant ou descendant.

L'action lunaire abrégera la traversée de $0^j,4$ si le navire arrive au calme tropical à la fin des déclinaisons Nord de la lune, ce qui fixe son départ de Cadix à 6 jours avant le nœud descendant de la lune.

La traversée sera au contraire allongée de $0^j,4$ par l'action lunaire si le navire arrive au calme tropical à la fin des déclinaisons Sud de la lune, ce qui fixe son départ de Cadix à 6 jours avant le nœud ascendant de la lune.

— 2° *En septembre*, cette route comprend :

1° Une étape de 5 degrés dans le vent Nord-Ouest neutre ;
2°   —   70°,5 dans le vent alizé favorable.

Un navire filant 12 nœuds

Franchira les 5 degrés neutres en $\frac{5}{5} =$ 1 jour,

Et les 70j,5 favorables avec 14 nœuds en   12j,5.

____

Durée totale du trajet. . . . 13j,3.

Dans cette durée, la limite Nord de l'alizé doit répondre à un lunistice ; or, le trajet de 5 degrés jusqu'aux vents alizés se faisant en 1 jour, il suit que le navire doit quitter Cadix 1 jour avant le lunistice ou 6 jours après le nœud ascendant ou descendant.

La traversée la plus courte sera de 12j,7 si le navire quitte Cadix 1 jour avant la fin des déclinaisons Nord ou avant le nœud descendant de la lune.

La traversée la plus longue sera de 13j,9 si le navire quitte Cadix 1 jour avant la fin des déclinaisons Sud ou avant le nœud ascendant de la lune.

Un navire filant 15 nœuds

Franchira les 5 degrés neutres en $\frac{5}{6} =$ 0,j8,

Et les 70°,5 favorables avec 17 nœuds en 10j,3.

Durée totale du trajet. . . . 11j,1.

Dans cette durée, la limite de l'alizé doit être franchie à un lunistice ; or, le trajet de 5 degrés neutres exige 0j,8. Donc le navire doit quitter Cadix 1 jour avant le lunistice ou 6 jours après le nœud ascendant ou descendant de la lune.

La traversée la plus favorisée par l'action lunaire sera de

6

10j,7 si le navire quitte Cadix 1 jour avant la fin des déclinaisons Nord ou avant le nœud descendant de la lune.

La traversée la plus allongée sera de 11j,5 si le navire quitte Cadix 1 jour avant la fin des déclinaisons Sud ou avant le nœud ascendant de la lune.

— 3° *En juin et décembre :*

Le calme tropical occupant alors sa position moyenne par 30 degrés latitude, la durée des trajets des navires qui traversent ce calme aux lunistices de juin et décembre est sensiblement la moyenne des durées évaluées pour les mois de mars et septembre.

Cette moyenne est 12j,7 *pour un navire filant* 12 *nœuds.*

Ce navire ayant à franchir 20 degrés pour atteindre le vent alizé, il emploie $\frac{12}{5} = 2$ j,4. Il doit donc quitter Cadix 2 jours avant le lunistice ou 5 jours après le nœud descendant ou ascendant.

La traversée la plus favorisée sera de 12j,1 si le navire quitte Cadix 2 jours avant la fin des déclinaisons Nord ou avant le nœud descendant de la lune.

Et la traversée la moins favorisée sera de 13j,3 si le navire quitte Cadix 2 jours avant la fin des déclinaisons Sud ou avant le nœud ascendant de la lune.

Pour un navire filant 15 *nœuds*, la moyenne des durées évaluées pour les traversées de mars et de septembre est 12j,1.

Le navire devant percevoir le calme tropical à un lunistice doit franchir 20 degrés dans le vent de Nord-Ouest traversier ou neutre, ce qui exige $\frac{20}{6} = 3$j,3. Il doit donc quitter Cadix 3 jours avant le lunistice ou 4 jours après un nœud ascendant ou descendant.

La traversée la plus favorisée sera de 11j,7 si le navire quitte

Cadix 3 jours avant la fin des déclinaisons Nord ou avant le nœud descendant de la lune.

Et la traversée la moins favorisée sera de 12ʲ,5 si le navire quitte Cadix 3 jours avant la fin des déclinaisons Sud ou avant le nœud ascendant de la lune.

3. — *Route loxodromique de Cadix à Saint-Jean-de-Nicaragua par la Martinique.*

Distance à franchir, 76°,3.

1° *En mars :*

28°,5 défavorables,
47°,6 favorables,
donnent 57° neutres et 19°,3 favorables.

2° *En septembre :*

4° défavorables,
72°,3 favorables,
donnent 8° neutres et 68°,3 favorables.

Un navire filant 12 nœuds

franchit les 57° neutres en $\frac{57}{5} = 11$ʲ,4

et les 19°,3 favorables
avec 14ⁿ en   3ʲ,4
____
Durée totale du trajet   14ʲ,8.

franchit les 8° neutres en $\frac{8}{5} = 1$ʲ,6

et les 68°,3 favorables
avec 14ⁿ en   12ʲ
____
Durée totale du trajet   13ʲ,6.

Un navire filant 15 nœuds

franchit les 57° neutres en $\frac{57}{6} = 9$ʲ,5

et les 19°,3 favorables
avec 17ⁿ en   2ʲ,8
____
Durée totale du trajet   12ʲ,3.

franchit les 8° neutres en $\frac{8}{6} = 1$ʲ,3

et les 68°,3 favorables
avec 47ʰ en   10ʲ
____
Durée totale du trajet   11ʲ,3.

— 3° *En juin et décembre :*

Les 76°,3 de la distance à franchir se composent de 15°,5 défavorables et 60°,8 favorables qui donnent 31 degrés neutres et 45°,3 favorables.

Un navire filant 12 nœuds

Franchira les 31 degrés neutres en $\dfrac{31}{5}=$ 6ʲ,2,

Et les 45ʲ,3 favorables avec 14 nœuds en   8ʲ,1.

                     Durée totale du trajet.... 14ʲ,8.

Un navire filant 12 nœuds

Franchira les 31 degrés neutres en $\dfrac{31}{6}=$..........   8ʲ,2,

Et les 45° 3′ favorables avec 17 nœuds en..........   6ʲ,6.

                     Durée totale du trajet......... 14ʲ,8.

En comparant la durée de ces trajets loxodromiques à celles analogues de la route orthodromique de Cadix à Saint-Jean par la Martinique, on voit que ces dernières durées excèdent celles loxodromiques; il y a donc avantage à suivre la route loxodromique pour aller de Cadix à Saint-Jean par la Martinique. Mais il n'en serait pas de même pour le retour, et le trajet le plus court se rapporte à la route de Saint-Jean de Nicaragua à Cadix par le passage de la Mona.

Les durées loxodromiques que nous venons d'évaluer se rapportent à la perception de la limite des vents alizés aux lunistices et fixent le départ de Cadix,

Pour le navire filant 12 nœuds,

En mars, au nœud ascendant ou descendant;

En septembre, au lunistice Nord ou Sud ;

Et en juin ou décembre, à 6 jours après le nœud ascendant ou descendant de la lune.

Les traversées les plus favorisées par l'action lunaire devront quitter Cadix :

En mars, au lunistice Nord (durée 14 jours 1 heure) ;

En septembre, au nœud descendant (durée, 12 jours 9 heures.)

En juin et décembre, à 3 jours avant le nœud descendant (durée 13j,6.)

Pour un navire filant 15 nœuds, les durées évaluées se rapportent au départ de Cadix :

En mars, 2 jours après le nœud ascendant ou descendant.

En septembre, au lunistice Nord ou Sud.

Et en juin ou décembre, à 4 jours après le nœud ascendant ou descendant.

Pour ce navire, les traversées les plus favorisées par l'action lunaire se rapportent au départ de Cadix :

En mars, au lunistice Nord (durée 12 jours.)

En septembre, au nœud descendant de la lune (durée 11 jours).

Et en juin et décembre, 4 jours avant le nœud descendant (durée 11 jours).

En résumé,

Le trajet de plus courte durée de Saint-Jean à Cadix est fourni par la route orthodromique du passage de la Mona.

Le trajet de plus courte durée de Cadix à Saint-Jean est fourni par la route loxodromique passant par la Martinique et rangeant Madère dans l'Est, ce qui assure au navire une rectification précieuse de sa longitude à son entrée dans les vents alizés.

TABLEAU DES DURÉES DES TRAVERSÉES TRANSATLANTIQUES

Faites à sec de voiles.

EXPRIMÉES EN JOURS ET DIXIÈMES DE JOURS.

TRAJETS TRANSATLANTIQUES.	VITESSE, 12ⁿ.			VITESSE 15ⁿ.		
	Mars.	Juin, Décembre.	Septembre.	Mars.	Juin, Décembre.	Septembre.
1. De Saint-Jean a Saint-Nazaire.....	14,1	14,5	14,7	11,6	11,9	12,2
2. Route orthodromique de Saint-Nazaire a Saint-Jean, par le canal de la Mona..................	16,8	15,9	15,1	13,5	13,1	12,7
5. Route orthodromique par la Martinique.....................	16,5	16 »	15,5	13,6	13,2	12,8
4. Route loxodromique par la Martinique.............	16,6	16 »	15,5	13,6	13,2	12,8
5. Route orthodromique de Saint-Jean à Cadix par le canal de la Mona.	14,2	15,5	16,9	11,9	12,6	13,5
6. Route orthodromique de Cadix à Saint-Jean, par la Martinique....	15 »	12,7	13,3	12,4	12,1	11,1
7. Route loxodromique de Cadix à Saint-Jean, par la Martinique. ..	14,8	14,5	13,6	12,5	11,8	11,5

L'action lunaire ajoute a ces durées $\pm \frac{1}{5}$ de la différence des durées évaluées pour les mois de mars et de septembre.

D'après ce tableau la traversée de Cadix à Saint-Jean par la Martinique est de moindre durée que celle de Saint-Nazaire à Saint-Jean ; mais, pour le retour, c'est au contraire la traversée de Saint-Jean à Saint-Nazaire qui est plus courte que celle de Saint-Jean à Cadix.

OCÉAN PACIFIQUE.		VITESSES PROPRES.	
		12ⁿ.	15ⁿ.
Trajets.	Distances.	Durée des trajets.	Durée des trajets.
		j.	j.
De la baie de Salinas à Tahiti............	68°30'	12,2	10 »
Retour.................................		17,1	13,1
De la baie de Salinas aux Marquises.........	56	10 »	8,2
Retour		14 »	10,7
De la baie de Salinas aux Sandwich.........	67°20'	12 »	9,9
Retour.................................		16,8	12,9
De Thaïti à Port-Jackson.................	55° »	11 »	9,2
Retour.................................		11 »	9,2
Des Iles Sandwich à Jedo, c. Kehy (Japon)...	58° »	10,1	9,5
Retour.................................		11,6	9,7
Des Iles Sandwich à Chusan (Chine).........	71°20'	12,7	10,4
Retour.................................		17,8	13,6
Des Marquises à la Nouvelle-Calédonie......	35° »	9,4	7,8
Retour.................................		13,2	10,2
De la baie de Salinas à Valparaiso..........	46° »	9,2	7,7
De la baie de Salinas à Lima..............	25°30'	4,7	3,9
De la baie de Salinas à San-Francisco.......	47°50'	9,6	8 »
De la baie de Salinas à Sitka..............	69° »	13,8	11,5

Nous laisserons au lecteur le soin d'additionner les durées des étapes partielles pour obtenir les durées totales des trajets d'ensemble interocéaniques, comprenant les traversées transatlantiques.

DEUXIÈME PARTIE.

Régime des Courants, des Vents et des Tempêtes dans l'Océan atlantique septentrional.

CHAPITRE PREMIER.

DES CIRCULATIONS LIQUIDES ET ATMOSPHÉRIQUES.

La carte annexée à cette notice offre une représentation aussi fidèle que possible du régime des courants généraux et des vents prédominants dans l'océan Atlantique septentrional ; elle résume, avec les faits fournis par l'observation, les résultats pratiques les plus saillants d'une étude théorique approfondie que nous produirons ailleurs dans tout son développement, et qui ne saurait trouver place ici que par des extraits forcément très-restreints, attendu qu'elle se rapporte à toutes les mers du globe.

En jetant les yeux sur cette carte, on y distinguera deux circulations inverses tangentes l'une à l'autre sur le parallèle de 45 degrés : l'une, tropicale, dont les flèches sont dirigées dans le sens du mouvement des aiguilles d'une montre ; l'autre, polaire, dont les flèches sont dirigées en sens inverse.

Ces flèches marquent la direction locale du vent ou des courants; elles se rapportent ainsi soit à une circulation liquide, soit à une circulation atmosphérique.

La circulation liquide tropicale représente dans l'Est le courant descendant en latitude le long des côtes d'Espagne et d'Afrique; au Sud, le courant équatorial et celui de la côte de la Guyane; enfin dans l'Ouest et dans le Nord, le Gulf Stream.

La circulation polaire liquide représente dans l'Est le courant ascendant en latitude le long des côtes de France, d'Irlande, d'Ecosse et de Norwége; dans l'Ouest, le courant descendant de la côte orientale du Groenland; dans le Nord, le courant ouest dirigé de la Nouvelle-Zemble au Spitzberg, et de là vers le Groenland; et dans le Sud, le courant froid parallèle et contigu au Gulf Stream.

Ces circulations liquides ont pour étendue, en longitude, celle des bassins dans lesquels elles se produisent.

Leur premier mobile est le courant littoral de la rive Est, et leurs causes productrices sont la composante horizontale de la force centrifuge terrestre et la partie de la composante horizontale méridienne de l'attraction solaire et lunaire, indépendante de la rotation de la terre.

Nous allons, en peu de mots, indiquer le jeu de ces forces en ce qui concerne la production de ces circulations.

1. — *Des forces impulsives méridiennes.*

La composante horizontale de la force centrifuge est

$$\varphi = \frac{2\pi^2 R}{T^2}\, sin\, 2\, l.$$

T étant la durée du jour sidéral,

R le rayon de la terre

et l la latitude.

Cette force est dirigée sur chaque méridien du pôle vers l'équateur.

D'un autre côté, d'après l'expression analytique des composantes méridiennes des forces solaire et lunaire, donnée par Laplace (*Mécan. cél.*, t. II, p. 230), l'action de chacun de ces astres se compose d'une force partielle indépendante du mouvement diurne et agissant en même temps et de la même manière sur tous les méridiens, proportionnellement à *sin* 2 *l*, et de deux autres forces partielles périodiques, l'une diurne, l'autre semi-diurne, dépendantes toutes deux du mouvement de rotation de la terre.

Le coëfficient de la première de ces trois forces partielles tant du soleil que de la lune, étant variable, nous isolerons par la pensée sa valeur moyenne de ses variations, et comme ces variations résultent des changements de la distance des astres à la terre et de leur déclinaison variable, nous supposerons d'abord que le soleil et la lune se meuvent, dans le plan de l'équateur, à une distance constante de la terre égale à leur distance moyenne ; dans cette hypothèse, leur force partielle considérée est constante et proportionnelle en tous points à la composante horizontale de la force centrifuge du mouvement diurne terrestre. Ainsi en désignant par *a* la somme des coefficients constants de *sin* 2 *l* de ces trois forces, l'ensemble de leur action dirigée vers l'équateur dans les deux hémisphères serait représenté par $f = a \, sin \, 2 \, l$, la latitude *l* étant positive dans l'hémisphère Nord et négative dans l'hémisphère Sud.

Cela posé, si la terre était entièrement et uniformément couverte d'eau, l'action de ces forces constantes dirigées vers l'équateur aurait été rapidement équilibrée par la dénivellation des eaux incessamment poussées vers l'équateur, car quoique celles-ci dussent subir une déviation vers l'Ouest en avançant vers des rayons vecteurs croissants, chaque méridien, recevant autant d'eau du côté de l'Est qu'il en envoie vers l'Ouest, le volume d'eau sur un même méridien demeurerait invariable, et le progrès vers l'équateur aurait amené infailliblement une dénivellation équilibrante de la force impulsive sur tous les méridiens à la fois ; à partir de ce moment, le profil de la dénivellation eût été constant et eût rendu impossible tout mouvement sur les méridiens comme l'admet Laplace.

Maintenant, s'il s'agissait d'un bassin maritime s'étendant d'un pôle à l'autre et compris entre deux méridiens formant ses rives, un équilibre analogue se produirait sur les méridiens du large, et l'action des forces constantes n'y pourrait plus déterminer aucun mouvement dans le sens du méridien. Mais il n'en serait pas ainsi sur la rive Est de ce bassin, parce que cette rive, ne pouvant recevoir de l'eau du côté de l'Est, tandis qu'elle en envoie vers l'Ouest, la dénivellation équatoriale ne saurait se produire sur cette rive et, par suite, la force impulsive $f = a \sin 2\, l$ ne saurait y être équilibrée.

2. — *Du courant méridien de la rive Est.*

Les particules liquides n'étant pas libres, mais reliées entre elles par la cohésion, leur adhérence mutuelle oppose une résistance au mouvement qui détruit rapidement toute vitesse acquise, et rend leur vitesse réelle constamment proportionnelle à la force qui la produit. La vitesse réelle produite sur la rive Est du bassin considéré se trouverait donc représentée par un multiple constant de la force $f = a \sin 2\, l$, si d'autres entraves ne venaient la transformer.

Or, d'une part, les particules entraînées conservant par leur inertie leur vitesse dans le sens du mouvement diurne, inhérente à leur rayon vecteur initial, cette inertie rend impuissante la composante de la force impulsive f perpendiculaire à l'axe de la terre qui ferait varier le rayon vecteur, par suite le mouvement méridien effectif de la rive Est doit être uniquement produit par la composante de f parallèle à l'axe de la terre ou par

$$X = f \cos l = a \sin 2\, l \cos l.$$

D'un autre côté cette force X a aussi ses entraves, car le mouvement parallèle à l'axe n'est pas libre et se trouve gêné dans sa composante verticale soit par la résistance du fond lorsqu'elle est descendante soit par la pesanteur lorsqu'elle est ascendante. Cette gêne transforme la composante verticale de X en pressions re-

presentées par $p = X \sin l = \dfrac{a}{2} \sin^2 2\, l$ et en fin de compte ce sont
les différences de ces pressions qui constituent la force motrice
prépondérante du courant littoral de la rive Est. Cette force motrice est de $\dfrac{dp}{dl} = a \sin 4\, l$ et la vitesse méridienne qu'elle imprime
aux particules liquides est $M = na \sin 4\, l$

2n étant le nombre de secondes nécessaires pour éteindre la
vitesse acquise (1).

Dans l'hémisphère Nord, le courant littoral M de la rive Est
est positif ou dirigé vers l'équateur entre $l = 0°$ et $l = 45°$,
négatif ou dirigé vers le pôle entre $l = 45°$ et $l = 90°$,
et sa vitesse est nulle pour $l = 00°$, $l = 45°$ et $l = 90°$.

3. — *Génération du courant Est et Ouest du large.*

Le courant méridien M tendant à produire une dénivellation
littorale croissante par ses différences de vitesse se trouverait
bientôt entravé par elle, si cette dénivellation n'était incessamment effacée. Or, le lit de ce courant strictement littoral étant
compris entre deux méridiens rapprochés, est très-étroit par
rapport à sa longueur, sa dénivellation présente une pente latérale beaucoup plus roide vers le large que celle longitudinale,
cette dernière étant proportionnelle aux différences des ordon-

---

(1) La force continue $\dfrac{dp}{dl}$ pouvant être considérée comme composée d'une série
de forces successives agissant chacune pendant 1 seconde, si l'impulsion imprimée par chacune de ces forces partielles s'éteint au bout de 2 n secondes il y
a à chaque instant 2 n vitesses décroissantes coexistantes dont la résultante est
égale à n fois la vitesse actuellement imprimée par l'action de la force. De là
le multiple n.

La force $\dfrac{dp}{dl}$ est prépondérante parce que la composante horizontale de X est

$X \cos l = a \sin 2\, l \cos^2 l = \dfrac{a}{4} \sin 4\, l + \dfrac{a}{2} \sin 2\, l$ dont le terme en $\sin 4\, l$ n'est

que le quart de $\dfrac{dp}{dl}$.

nées de la dénivellation, tandis que la première est proportionnelle aux ordonnées entières. La dénivellation réagira donc
beaucoup plus faiblement dans le sens de sa longueur contre les
vitesses qui la produisent que perpendiculairement à ces vitesses ;
elle déterminera par suite un courant de la rive vers le large
proportionnel à ses ordonnées positives et un courant du large
vers la rive par ses ordonnées négatives, qui effacera incessamment la dénivellation.

Les ordonnées étant proportionnelles à $\dfrac{dM}{dl} = 4\,na\,cos\,4\,l$

ont leur maximum positif à l'équateur; c'est donc à l'équateur que
le courant dirigé vers le large sera le plus fort ; mais si la terre
manque dans l'Est ou si le rivage se détourne brusquement vers
l'Est avant d'atteindre l'équateur, comme cela arrive à la côte
d'Afrique vers le golfe de Guinée, alors la dénivellation littorale
manquant d'appui dans l'Est, se déversera en partie vers l'Est où
elle produira le courant de la Guinée et en partie vers l'Ouest
pour alimenter le courant équatorial.

Revenons maintenant à l'hypothèse d'une rive méridienne continue pour obtenir l'expression analytique de la vitesse du courant
Est et Ouest qui doit effacer la dénivellation littorale de la rive Est.

Ce courant devant débiter par une section élémentaire $d\,l$ le
volume d'eau que les différences de vitesses du courant littoral
débitent dans une section $cos\,l$.

En désignant par W la vitesse du courant Est et Ouest on
aura $W = \dfrac{dM}{dl}\,cos\,l$.

Or $\dfrac{dM}{dl} = -\,4\,na\,cos\,4\,l$ en remarquant que l'accroissement
dl de la latitude est de signe contraire aux forces positives dirigées vers l'équateur, donc $W = -\,4\,na\,cos\,4\,l\,cos\,l$.

Ce courant Est et Ouest est permanent comme celui littoral
qui le détermine, et sa vitesse étant constante à chaque latitude,
il s'étendra progressivement d'une rive à l'autre.

Subsistant seul au large il divise le bassin maritime considéré en trois zones dans chaque hémisphère.

Dans la zone équatoriale, comprise entre $l = 0°$ et $l = 22°30'$, le courant est négatif ou dirigé vers l'Ouest et a son maximum de vitesse à l'équateur où $l = 0°$ donne $W = -4\,na$.

Dans la zone médiane, comprise entre $l = 22°30'$ et $l = 67°30'$, le courant est positif ou dirigé vers l'Est et a son maximum de vitesse à la latitude de 42°, pour laquelle $W = 4\,na \times 0,7$. Cette latitude est, en effet, celle du maximum de vitesse du courant du Gulf Stream.

Le maximum de vitesse du courant traversier Est à la latitude de 42°, est les 6 dixièmes de la vitesse du courant équatorial. Tel est, en effet, le rapport des vitesses de ces courants, car le courant équatorial fait en moyenne 30 milles en 24 heures et le courant traversier Est fait 21 milles en 24 heures.

Enfin dans la zone polaire comprise entre $l = 67°30'$ et $l = 90°$. Le courant est dirigé vers l'Ouest, il est nul aux deux extrémités de cette zone, et son maximum de vitesse Ouest se rapporte à $l = 77°45'$, qui donne $W = -4\,na \times 0,139$: cette vitesse est de 4 milles en 24 heures si celle du courant équatorial est de 30 milles en 24 heures.

Si l'on considère les courants Est et Ouest des deux hémisphères produits dans un bassin s'étendant d'un pôle à l'autre, ils divisent ce bassin en cinq zones dont celles polaires et équatoriales sont occupées par des courants Ouest et celles moyennes intermédiaires par des courants Est.

4. — *Du courant méridien de la rive Ouest.*

Le courant Est et Ouest du large, assurant la continuité du courant littoral de la rive Est, se trouve par là même constamment alimenté par lui et s'étend bientôt d'une rive à l'autre de la mer ; ainsi la dénivellation qu'il efface sur la rive Est doit se produire sur la rive Ouest.

Or, de même que cette dénivellation eût fait équilibre au courant littoral de l'Est en y produisant un courant inverse égal en vitesse, il suit que transportée dans l'Ouest cette dénivellation y produira un courant littoral inverse de celui existant dans l'Est. La vitesse de ce courant inverse sera donc

$$M' = -\ na \sin 4\ l.$$

Or, dans l'Est, le courant littoral diverge du parallèle de 45 degrés d'un côté, vers l'équateur, de l'autre, vers le pôle; donc le courant littoral inverse de la rive Ouest convergera vers le parallèle de 45 degrés, tant depuis l'équateur que depuis le pôle.

Cela posé, il est facile de concevoir que les circulations tropicale et polaire dont nous avons parlé résultent de la coexistence du courant Est et Ouest du large avec les courants littoraux inverses des rives opposées; c'est du moins ce que l'analyse montre clairement.

Le tableau suivant résume les conséquences de cette analyse en ce qui concerne les circulations liquides des deux hémisphères.

RIVES OUEST.		CIRCULATIONS DES COURANTS GÉNÉRAUX DES DEUX HÉMISPHÈRES.	RIVES EST.	
GRAND OCÉAN. · **OCÉAN ATLANTIQUE.**	**LATITUDE NORD.**	$M'=-na\sin 4l.$ $W=-4na\cos 4l\cos l.$ $M=na\sin 4l.$ — Courant méridien RIVE OUEST / Courant Est et Ouest du LARGE / Courant méridien RIVE EST. — $tang\,\gamma'=+\dfrac{4\cos l.}{tang\,4l.}$ $tang\,\gamma=-\dfrac{4\cos l.}{tang\,4l.}$	**LATITUDE NORD.**	**OCÉAN ATLANTIQUE.** · **GRAND OCÉAN.**

HÉMISPHÈRE NORD — Grand Océan : KAMTSCHATKA, JAPON (— Courant chaud → ; ← froid —). Océan Atlantique : GROENLAND, TERRE-NEUVE, GUYANE. GULF STREAM. — ÉQUATEUR.
HÉMISPHÈRE SUD — Grand Océan : NOUV.-HOLLANDE, TERRE VICTORIA, NOUVELLE-ZÉLANDE (— Courant → froid —). Océan Atlantique : BRÉSIL.

RIVES EST — Océan Atlantique : NORWÈGE, CAP FINISTÈRE (— Courant chaud →), AFRIQUE côte N.O. (← Courant froid —), ÉQUATEUR, AFRIQUE côte S.O. (— Courant → froid —), TERRE DE GRAHAM ; PATAGONIE (← Courant chaud —). Grand Océan : Côte N.O. d'Amérique, CALIFORNIE, CHILI, PÉROU, CHILOÉ.

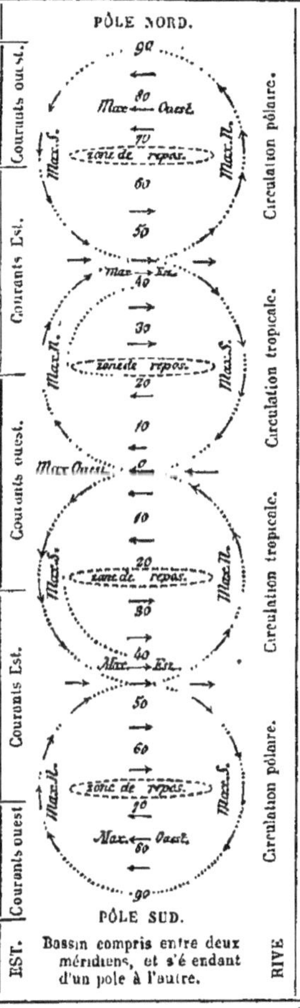

Latitude	Rive Ouest ($tang\,\gamma'$)	LARGE (circulation)	Rive Est ($tang\,\gamma$)	Latitude
90	S. 90° O.	PÔLE NORD.	N. 90° O.	90
80	S. 50 O.	Max. ← Ouest (Courants ouest) — Circulation pôlaire	N. 50 O.	80
70	S. 13 O.	zone de repos	N. 13 O.	70
60	S. 49 E.		N. 49 E.	60
50	S. 81 E.	(Courants Est)	N. 81 E.	50
40	N. 83 E.	Max. → Est	S. 83 E.	40
30	N. 63 E.	— Circulation tropicale	S. 63 E.	30
20	N. 33 O.	zone de repos	S. 33 O.	20
10	N. 77 O.	(Courants ouest)	S. 77 O.	10
0	Courant équatorial ← O.	Max. Ouest — ÉQUATEUR	Courant équatorial ← O.	0
10	S. 77 O.		N. 77 O.	10
20	S. 33 O.	zone de repos	N. 33 O.	20
30	S. 63 E.	— Circulation tropicale	N. 63 E.	30
40	S. 83 E.	Max. → Est (Courants Est)	N. 83 E.	40
50	N. 81 E.		S. 81 E.	50
60	N. 49 E.		S. 49 E.	60
70	N. 13 O.	zone de repos — Circulation pôlaire	S. 13 O.	70
80	N. 50 O.	Max. ← Ouest (Courants ouest)	S. 50 O.	80
90	N. 90 O.	PÔLE SUD.	S. 90 O.	90

RIVE EST. / RIVE OUEST.

Bassin compris entre deux méridiens, et s'étendant d'un pôle à l'autre.

DIRECTION RESULTANTE SUR LA RIVE OUEST.	COURANTS EST ET OUEST DU LARGE.	DIRECTION RESULTANTE SUR LA RIVE EST.

La latitude l étant négative dans l'hémisphère Sud, les vitesses M et M′ des courants méridiens littoraux y changent de signe ; mais le signe de la vitesse W du courant Est et Ouest du large reste le même à égale latitude. De là l'inversion du sens des circulations homologues des deux hémisphères également indiquée par le changement de signe de $tang\,\gamma=\dfrac{W}{M}$ et de $tang\,\gamma'=\dfrac{W}{M'}$ fournissant la direction azimutale des courants littoraux résultants sur les rives Est et Ouest du bassin.

Le premier mobile de ces circulations étant, pour chacune d'elles le courant littoral de la rive Est, dont les eaux obéissent seules au mouvement dérivé de l'action des forces impulsives constantes, cette action déterminera de même une circulation tropicale dans tout bassin secondaire à cheval sur le parallèle de 22° 30′, comme le golfe du Mexique, et une circulation polaire inverse dans tout bassin secondaire à cheval sur le parallèle de 67.° 30′, comme la mer de Baffin.

Ces faits se trouvant conformes à ceux observés et les forces productrices de ces circulations agissant à toute profondeur, il en résulte que les eaux inférieures des divers bassins sous-marins circonscrits par des hauts fonds doivent obéir à des mouvements soumis aux mêmes lois.

5. — *Des courants sous-marins dans l'océan Atlantique Nord. Explication du banc de* fucus natans *dit de Corvo.*

Nous avons tracé, sur la carte annexée à cette notice, une ligne de fond située à la profondeur de 3,000 mètres empruntée à la carte des sondes de cet océan, publiée par le lieutenant Maury. Cette ligne représenterait le trait de côte si le niveau de la mer s'abaissait de 3,000 mètres ; un immense plateau relierait l'Europe à l'Amérique du Nord, les Açores seraient situées sur une presqu'île soudée au Nord à ce plateau et dont la pointe méridionale atteindrait le parallèle de 20 degrés latitude Nord ; la rive Ouest de cette presqu'île occuperait l'emplacement habituel du banc de *fucus* auquel l'île voisine de Corvo a donné son nom, et limiterait à l'Est un grand bassin ou golfe ouvert au Sud et dont les rives Ouest et Nord coïncideraient avec la ligne médiane du parcours du Gulf Stream.

Ce bassin étant tropical, l'action de la composante horizontale de la force centrifuge terrestre et des composantes méridiennes des forces solaire et lunaire sur les eaux de ce bassin y déterminerait une circulation directe, dont le premier mobile serait un courant descendant en latitude le long de la rive Est formée par la côte occidentale de la presqu'île de Corvo.

Or, ce courant, qui se produirait à la surface si le niveau de la mer s'abaissait de 3,000 mètres, doit se produire sous l'action des mêmes forces à la profondeur de 3,000 mètres au-dessous du niveau réel. Seulement, dans ce cas, ses différences de vitesse, au lieu de se traduire en dénivellation, se traduiront en pressions qui, n'existant pas au large, engendreront de même le courant Est et Ouest qui les effacera et amènera la permanence du courant méridien littoral du bas fond.

D'après ces vues, il serait facile de tracer le parcours des courants sous-marins à toutes les profondeurs, pour lesquelles on posséderait le tracé complet de la ligne de niveau reliant sur le fond les points situés à cette profondeur.

Le sondage des mers offre donc un double intérêt : celui de faire connaître la forme des bassins sous-marins aux diverses profondeurs et celui de permettre d'en déduire les courants coexistants aux mêmes profondeurs.

Dans l'hémisphère Nord, ces courants forment des circulations analogues à celles que nous avons décrites et consignées sur la carte; dans l'hémisphère Sud, les circulations produites à égale latitude sont inverses des premières. Mais toujours leur étendue en longitude est mesurée par la distance des lignes de niveau situées à cette même profondeur sur les berges Est et Ouest du bassin maritime considéré.

Les lignes de niveau d'une même berge étant d'autant plus rapprochées en projection horizontale que la pente du sol est plus roide, quand cette pente est très-rapide, les courants littoraux aux diverses profondeurs se trouvent superposés et la concordance de leur direction fait que le mouvement des eaux à la surface se trouve renforcé par celui des eaux inférieures; d'où il résulte que les courants littoraux sont d'autant plus rapides que la pente est plus roide. D'un autre côté, la section transversale du courant de surface étant limitée au large par la projection de la ligne de niveau formant la limite littorale des dernières vitesses inférieures capables de communiquer du mouvement aux eaux de la surface par l'adhérence moléculaire, il en résulte que la section du courant littoral de surface est d'autant plus étroite que la pente du fond est plus roide, et d'autant plus large que cette pente est plus douce.

Le Gulf Stream, plus étroit et plus rapide que le courant de la côte d'Afrique, devrait donc en partie ce caractère distinctif à ce que la berge littorale sous-marine des États-Unis offre une pente beaucoup plus roide que celle de la côte d'Afrique. Et l'affaiblissement de sa vitesse vers l'Est, comme aussi sa déviation vers le Sud aux approches du banc de Corvo, seraient dus en partie à la séparation des eaux inférieures circulant dans le bassin sous-marin limité à l'est par le haut-fond correspondant à ce banc.

Ainsi le courant sous-marin dirigé vers le Sud sur la rive Est du bas-fond, formant presqu'île sous l'emplacement habituel du banc de *fucus*, dit de Corvo, ne serait pas étranger à la direction de ce banc, formé par l'accumulation des herbes flottantes entraînées par le Gulf Stream, là où sa vitesse vers l'Est se ralentit et se dévie vers le Sud sous l'impulsion du courant sous-marin.

La figure suivante peut concourir à élucider ces faits; elle se rapporte aux circulations coexistantes dans des bassins tropicaux superposés d'une forme arbitraire et elle a été tracée en vue des circulations atmosphériques dont nous allons parler. Cependant elle peut s'appliquer aux circulations liquides ci-dessus en faisant abstraction du bassin supérieur dont le niveau répond à la ligne horizontale supérieure de la coupe.

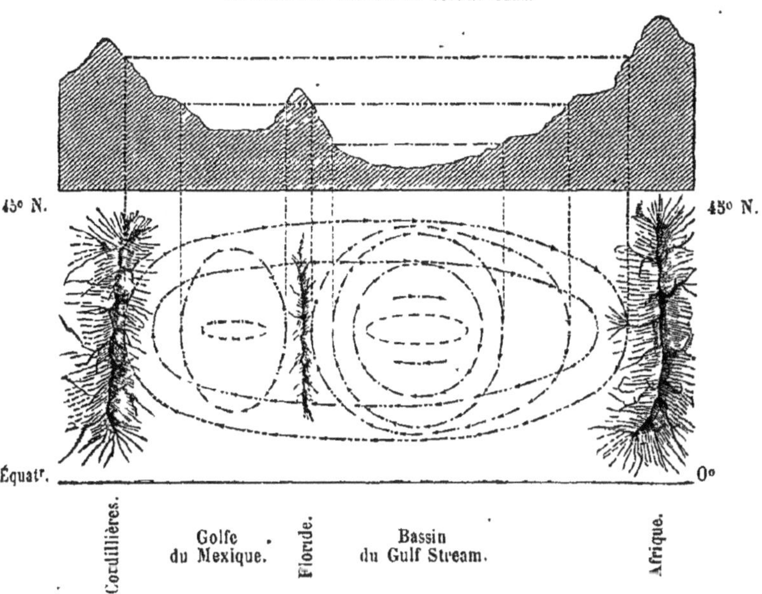

6. — *Des circulations atmosphériques.*

. De même que nous avons pu déterminer les courants produits
dans les bassins sous-marins en supposant un abaissement du
niveau de la mer jusqu'à ces bassins, de même il serait facile de
déterminer quels seraient les courants de surface si le niveau de
la mer venait à s'élever. Si cette élévation était de 1,000 mètres,
par exemple, évidemment les circulations actuellement produites
à la surface occuperaient alors la profondeur de 1,000 mètres
au-dessous du niveau supérieur des eaux, tandis que celles produites à ce niveau se rapporteraient aux courants d'un bassin
beaucoup plus étendu en longitude et qui s'étendrait jusqu'au
relief des chaînes de montagnes.

Or, ce bassin hypothétique existant pour la couche d'air située
à 1,000 mètres au-dessus de la surface de la mer, et l'air devant
obéir comme l'eau à la composante horizontale de la force cen-

trifuge et à la partie constante de l'attraction solaire et lunaire, l'air situé à 1,000 mètres au-dessus de la surface actuelle de la mer su'oira, par l'impulsion de ces forces, des circulations analogues à celles qui seraient imprimées à l'eau si elle atteignait cette hauteur, tandis que les mouvements de l'air inférieur, reposant sur les mers actuelles et renfermé sensiblement dans les mêmes bassins, seront analogues aux circulations liquides à la surface actuelle de ces bassins. Les vitesses, nulles au large, à la latitude de 22° 30 dans la circulation tropicale, y constitueraient la bande du calme tropical, reportée à la latitude de 28° par le refoulement transéquatorial dont nous nous occuperons plus loin. De même que la figure ci-dessus peut servir à montrer les circulations atmosphériques coexistantes aux diverses hauteurs dans les bassins tropicaux superposés, la figure suivante est propre à donner une idée des circulations atmosphériques polaires coexistantes aux diverses hauteurs entre les monts Rocky et le mont Oural.

CIRCULATIONS POLAIRES SUPERPOSÉES.

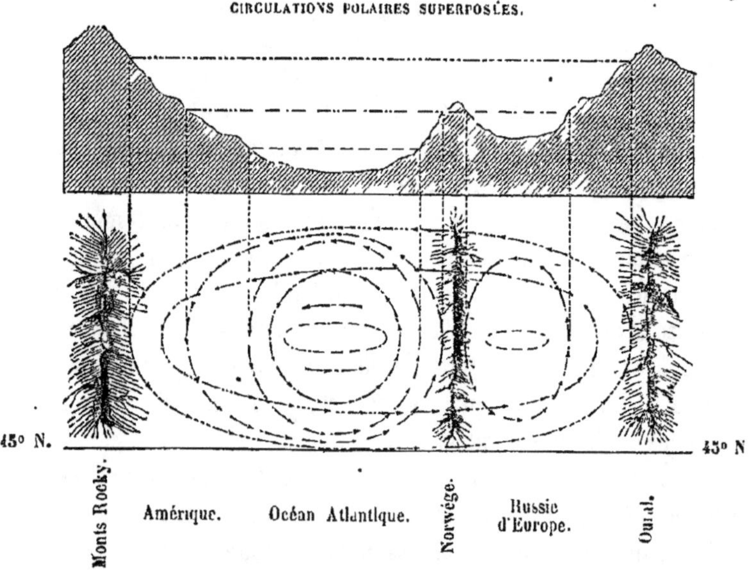

7. — *Des pressions barométriques moyennes aux diverses latitudes.*

Ces circulations horizontales représenteraient tout le mouvement produit par l'action des forces méridiennes constantes jusqu'ici considérées ; et, si ces forces existaient seules, il ne se produirait aucun mouvement méridien au large, la dénivellation résultant du mouvement initial y faisant équilibre à l'action de ces forces ; en sorte qu'au large le mouvement entravé n'existerait qu'à l'état de pression ou de tendance au mouvement. D'où il résulte que la distribution de ces pressions sur les divers méridiens du large, dans les divers bassins atmosphériques superposés, serait représentée par la distribution des vitesses méridiennes produites sur leur rive Est ; ces pressions locales, dues à la tendance au mouvement, seraient positives ou additives à celle moyenne produite par la pesanteur là où la tendance au mouvement est dirigée vers l'équateur, et négatives là où cette tendance est dirigée vers le pôle. La pression moyenne générale au niveau de la mer étant représentée par une colonne mercurielle de 761^{mm} et le maximum de pression par 767^{mm}, les pressions moyennes barométriques aux diverses latitudes seront représentées par $B = 761^{mm} + 6^{mm} \sin 4l$. Ainsi, la pression moyenne générale se produirait à l'équateur, au pôle, et à 45 degrés de latitude, où les vitesses méridiennes de la rive Est sont nulles, le maximum de pression répondrait au maximum de vitesse dirigé vers l'équateur sur la rive Est, ou à la latitude de 22° 30′, et le minimum de pression répondrait au maximum de vitesse dirigé vers le pôle, sur la rive Est, ou à la latitude de 67° 30′.

Ces latitudes représentent en effet celles du maximum et du minimum de pression barométrique moyenne annuelle dans l'hémisphère Sud ; mais la dénivellation équatoriale étant proportionnelle à l'étendue de la mer, l'inégale étendue en latitude de la mer dans les deux hémisphères produit un refoulement de la dénivellation équatoriale vers la mer la moins étendue, jusqu'à ce

que l'augmentation de hauteur de sa dénivellation refoulée ou diminuée dans sa base, la rende égale à la hauteur de la dénivellation la plus forte ; ce qui transporte le point d'équilibre des
deux dénivellations dans la mer la moins étendue, à une latitude
que nous déterminerons au chapitre suivant.

Cette latitude est celle du maximum thermal annuel qui se
serait produit à l'équateur sans le refoulement résultant de l'inégale étendue des deux mers. Ce refoulement, devant se répartir
sur tous les points de la base de la moindre dénivellation, décroît
progressivement de l'équateur à la limite de la mer la moins
étendue, où il est nul ; par là, le maximum de pression moyenne
annuelle dans l'océan Atlantique nord se trouve transporté avec le
calme tropical de la latitude 22° 30′ à celle de 28°, ainsi que
nous allons le démontrer ; de là, dans la figure suivante, la
différence entre la courbe théorique ponctuée et celle pleine fournie par les observations discutées par Schouw et Poggendorf.

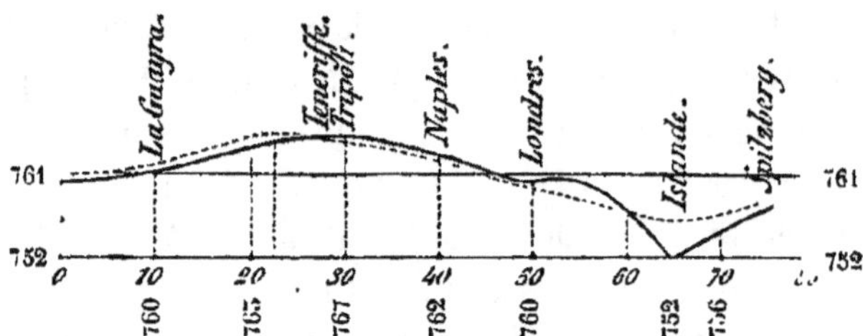

Si l'on tient compte de l'influence barométrique des vents dont
nous parlerons plus loin, l'on reconnaîtra qu'une même courbe
ne saurait représenter la loi des pressions moyennes sur tous les
méridiens. Les vents ascendants en latitude affaiblissant la pression et ceux descendants l'augmentant, les directions inverses
des vents méridiens sur les deux rives opposées d'une même circulation soit polaire soit tropicale doivent déterminer des différences inverses dans les pressions moyennes ; celle du large
pourra différer peu de celle théorique, mais les pressions litto-

rales doivent s'en écarter en sens inverse; il en est de même de celles de l'intérieur des terres sur les deux continents opposés.

Ainsi les vents méridiens de la circulation polaire ascendante en latitude en Europe y détermineront une pression moyenne. moindre que celle du large, et les vents descendants en latitude en Amérique y élèveront la pression moyenne au-dessus de celle du large, tandis que les vents de la circulation tropicale descendants dans l'Est et ascendants dans l'Ouest élèveront la pression moyenne dans l'Est et l'abaisseront dans l'Ouest.

La discussion d'observations plus nombreuses que celles existantes pourra faire ressortir ces différences, qui doivent se présenter également dans les bassins atmosphériques de l'intérieur des continents, comme les différences des températures moyennes dont nous traiterons plus loin.

CHAPITRE II.

______

1. — *Du refoulement transéquatorial de l'océan Atlantique.*

L'étendue de la mer sur un même méridien n'étant pas la même dans les deux hémisphères, la dénivellation produite par la force impulsive dans la mer la plus étendue située au Sud de l'équateur excède celle produite au Nord, et celle-ci ne pouvant faire équilibre à la première il se produit un mouvement transéquatorial du Sud au Nord, qui transporte au Nord de l'équateur la ligne d'équilibre entre les deux mers. Pour évaluer le refoulement produit par ce mouvement, considérons d'abord l'équateur comme un plan impénétrable séparant les eaux des deux hémisphères, la dénivellation équatoriale s'appuyant contre ce plan dans chaque hémisphère y atteint une hauteur proportionnelle à la force motrice. Or si m et m' sont les masses sollicitées par une même force φ. Les forces motrices sont $m\,\varphi$ et $m'\,\varphi$.

Donc, en désignant par h et h' les hauteurs des dénivellations équatoriales respectives faisant équilibre à ces forces motrices, on aura $h : h' :: m\varphi : m'\,\varphi :: m : m'.$.

Or si l'on désigne par L et L' les étendues en latitude des deux mers sur un même méridien, la profondeur moyenne étant supposée la même, on aura $m : m' :: L : L'$ et par suite :

$$h : h' :: L : L'.$$

Supposons maintenant que le plan impénétrable qui sépare les dénivellations h et h' vienne à être enlevé, ces deux dénivellations représentant des pressions différentes, il se produira un mouvement de la plus forte pression vers la moindre, ce qui refoulera cette dernière jusqu'à ce que par la diminution de sa base elle atteigne une hauteur $\frac{h + h'}{2}$ moyenne entre celle des deux dénivations.

Désignons par λ la latitude à laquelle la dénivellation h supposée la plus faible se trouve refoulée. La base L de cette dénivellation devenant $L - \lambda$ tandis que son volume reste le même, on aura :

$$L\,h = (L - \lambda)\left(\frac{h + h'}{2}\right)$$

d'où $\dfrac{h}{h + h'} = \dfrac{1}{2}\left(\dfrac{L - \lambda}{L}\right)$ \qquad or, $\dfrac{h}{h + h'} = \dfrac{L}{L + L'}$

$$\text{donc } \frac{2\,L}{L + L'} = \frac{L - \lambda}{L}$$

$$\text{d'où } \lambda = \frac{L\,(L' - L)}{L' + L}$$

λ est la latitude à laquelle l'eau équatoriale se trouve poussée dans la mer la moins étendue.

Cette latitude se substitue à l'équateur comme limite de séparation des circulations tropicales des deux hémisphères, et elle devient celle du maximum thermal, car se trouvant occupée par les eaux provenant de l'équateur, où elles auraient constitué le maximum thermal si elles y fussent demeurées, ce maximum se transporté avec elles à la latitude λ.

Quand $L' = L$ \quad $\lambda = o$. Alors le maximum thermal coïncide avec l'équateur. C'est en effet ce qui arrive dans le grand Océan sur le méridien de Tahiti, où l'étendue de la mer est la même dans les deux hémisphères; il en est de même dans le détroit de Syncapore, là où ses rives Nord et Sud se trouvent à égale distance de l'équateur.

Sur le méridien de l'île Pitcairn,	$L' = 65°$ S.	$L = 55°$ N.	$\lambda = 4°\ 30'$ N.
Sur le méridien d'Acapulo,	$L' = 70°$ S.	$L = 15°$ N.	$\lambda = 9°\ 36'$ N.
Dans le golfe de Guinée,	$L' = 60°$ S.	$L = 8°$ N.	$\lambda = 6°\ 6'$ N.
Dans la mer des Indes,	$L' = 65°$ S.	$L = 25°$ N.	$\lambda = 12°\ 30'$ N.

Ces valeurs de λ, conclues de notre formule, concordent parfaitement avec les latitudes respectives assignées par M. de Humboldt à la ligne du maximum thermal d'après les observations de température discutées par cet illustre savant.

2. — *Du refoulement proportionnel produit aux diverses latitudes.*

Le refoulement transéquatorial agissant sur tous les points de la base de la moindre dénivellation se répartit sur elle en décroissant progressivement de l'équateur à la limite de la mer la moins étendue où il est nul, et sa valeur d à une latitude l quelconque de cette mer est donnée par le 4e terme de la proportion.

$$L : \lambda :: L - l : d = \lambda\left(1 - \frac{l}{L}\right)$$

Si $\dfrac{l}{L} = 0,1\,;\ 0,2\,;\ 0,3\,;\ 0,4\,;\ 0,5\,;\ 0,6\,;\ 0,7\,;\ 0,8\,;\ 0,9\,;\ 1.$

$\dfrac{d}{\lambda} = 0,9\,;\ 0,8\,;\ 0,7\,;\ 0,6\,;\ 0,5\,;\ 0,4\,;\ 0,3\,;\ 0,2\,;\ 0,1\,;\ 0.$

Supposons $L = 50°$ et $\lambda = 10°$.

Si $l =$ 5°, 10°, 15°, 20°, 25°, 30°, 35°, 40°, 45°, 50°.
On a $d =$ 9°, 8°, 7°, 6°, 5°, 4°, 3°, 2°, 1°, 0°.
$l + d =$ 14°, 18°, 22°, 26°, 30°, 34°, 38°, 42°, 46°, 50°.

Dans l'Océan atlantique septentrional sur le méridien des Açores, $L = 60°$; $\lambda = 8°$.

Pour $l =$ 6°, 12°, 18°, 24°, 30°, 36°, 42°, 48°, 54° 60.
On a $d =$ 7°,2, 6°,4, 5°,6, 4°,8, 4°,0, 3°,2, 2°,4, 1°,6, 0°,8, 0.
$l + d =$ 13°,2, 18°,4, 23°,6, 28°,8, 34°, 39°,2, 44°,4, 49°,6, 54°,8, 60.

3. — *Du refoulement atmosphérique.*

Le bassin atmosphérique inférieur étant compris dans les mêmes berges que le bassin maritime, l'air inférieur subit le même refoulement, qui déplace et surélève en latitude les lignes isothermes, le calme tropical et le maximum de pression barométrique.

Par ce refoulement la latitude de 22° 30′ du maximum de pression barométrique et du calme tropical est reportée de 5 degrés au Nord, sur le parallèle de 27° 30' latitude Nord ; de même la ligne de séparation des deux circulations tropicale et polaire est reportée de 1° 30' au Nord du parallèle de 45 degrés. C'est en effet vers 46° 30' de latitude que se trouve la limite Nord, moyenne des eaux chaudes du Gulf Stream à l'approche des Açores ; mais en avançant vers l'Ouest cette limite ne dépasse pas le parallèle de 45° ; le refoulement transéquatorial ne pouvant se produire là où l'équateur est occupé par des terres. Cette circonstance existant dans la moitié Ouest de l'océan Atlantique septentrional, explique pourquoi les lignes isothermes sur la côte Est des États-Unis sont moins élevées en latitude que sur les côtes Ouest d'Amérique et d'Afrique, où les eaux subissent le refoulement transéquatorial.

D'où l'on voit que le calme tropical, au lieu d'occuper le parallèle surélevé de 28° dans toute l'étendue de la mer, devrait s'abaisser dans l'Ouest jusqu'à 22° 30' de latitude. Les observations ultérieures devront confirmer ces vues, qui du reste ne modifieraient pas d'une manière sensible nos évaluations des durées des traversées, ni la détermination des jours de départ les plus favorables.

CHAPITRE III.

Les circulations dont nous avons parlé impliquent l'équilibre entre les forces impulsives et la dénivellation sur les méridiens du large.

Maintenant, si, par une cause quelconque, la réaction de la dénivellation se trouve affaiblie, les forces impulsives l'emporteront et détermineront un mouvement méridien au large, en raison de l'excès des forces impulsives sur la réaction de la dénivellation. Il y aura alors deux mouvements coexistants, un mouvement de circulation résultant de la partie équilibrée des forces impulsives, et un mouvement méridien produit par la partie non équilibrée. Bien que ces mouvements coexistants se combinent en un seul, ils doivent être isolés par la pensée pour ne pas se méprendre sur la cause des faits observés.

Ainsi, ce que nous allons dire des vents alizés et des moussons produites au large par la partie non équilibrée des forces impulsives, n'exclut par l'existence des circulations tropicales produites par la partie de ces forces équilibrée au large, mais non sur la rive Est.

1. — *Des vents alizés.*

La force impulsive de ces vents réside dans l'action de la composante horizontale de la force centrifuge et des forces méridiennes solaire et lunaire, dont les variations régissent les variations de vitesse de ces vents.

L'action thermale du soleil, à laquelle on attribuait uniquement

jusqu'ici la production des vents alizés, ne fait que rompre l'équilibre entre les forces impulsives ci-dessus d'une part, et la dénivellation équatoriale de l'autre. Sans ces forces, la chaleur solaire
produirait à grande peine une brise infiniment plus faible que les
brises de terre et de mer, qui résultent de grandes différences de
température entre des points rapprochés, car entre les tropiques
la différence de température entre des points situés à 10 degrés
de distance en latitude n'excède pas 2 degrés centigrades. Cependant l'intensité des vents alizés dépasse de beaucoup celle des
brises de terre et de mer ; il faut donc bien qu'ils reçoivent leur
impulsion d'une force autre que celle représentée par les différences de température. Toutefois l'action thermale du soleil est
nécessaire pour dégager une partie de cette force de l'entrave
équilibrante représentée par la dénivellation équatoriale.

La chaleur solaire dilatant l'air, l'augmentation de volume en
hauteur raréfie la couche inférieure, affaiblit sa résistance aux
pressions latérales, et fait entrer en jeu les forces qui produisent
cette pression. De là le vent alizé dirigé du maximum de pression
vers le maximum thermal, dont la pression barométrique descend
au-dessous de la moyenne générale par le mouvement ascendant
de l'air. Ainsi, dans les deux hémisphères, les forces méridiennes
poussent l'air inférieur vers le maximum thermal qui forme la
limite équatoriale de ces afflux opposés, tandis que leur limite
polaire est représentée par la latitude du maximum de pression
dans chaque hémisphère.

Le volume dilaté, qui a pénétré dans la couche supérieure,
augmentant sa résistance aux pressions latérales qu'elle équi-
librait, il en résulte dans cette couche un mouvement inverse
dirigé du maximum thermal vers les latitudes du maximum
de pression, ou un vent alizé supérieur inverse de celui inférieur, et qui subit une déviation vers l'Est pendant que celui inférieur est dévié vers l'ouest par les différences des rayons
vecteurs traversés. L'ensemble de ces deux vents et des vitesses verticales inverses qui les relient constituent dans chaque

hémisphère une circulation verticale représentée dans la figure
suivante.

CIRCULATIONS VERTICALES DES VENTS ALIZÉS.

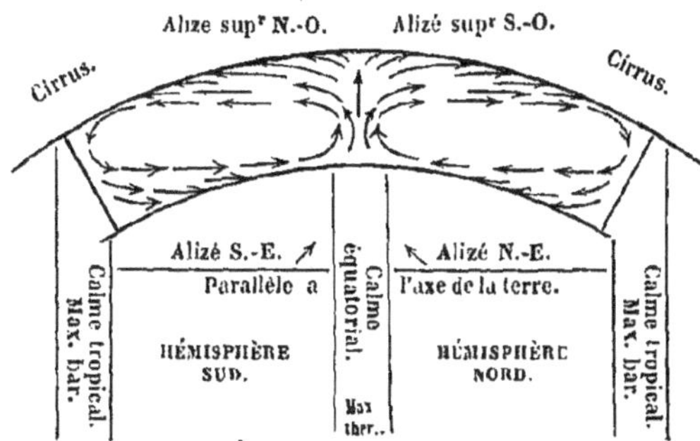

Ces vues sur la production des vents alizés sont confirmées
par les variations de vitesse de ces vents et par celles de la largeur
de la bande des calmes ou des vents variables faibles du maximum
thermal, zone d'autant plus étroite que les vents alizés sont plus
forts ; or, ceux-ci, d'après Horsburgh, sont d'autant plus forts
que la déclinaison du soleil est moindre, conformément à l'expression analytique de l'attraction méridienne solaire.

Sans nul doute, l'action lunaire produit également des variations de vitesse dans les vents alizés, comme elle doit produire
des variations dans leurs limites polaires ; beaucoup de navigateurs, et entre autres d'Après de Mannevillette, admettent une
certaine influence des phases de la lune, mais sans en préciser la
nature. Il est donc probable que les variations indéterminées dans
leur cause, signalées par les navigateurs, sont soumises aux périodicités de l'action lunaire. Nous recommanderons ces faits aux
investigations si fécondes de M. Maury, qui est en position, mieux
que personne, de discuter de nombreuses observations.

2. — *Des moussons.*

Le maximum thermal se déplaçant par l'effet des changements
de déclinaison du soleil, il se trouve au Nord de l'équateur pen-

dant les déclinaisons Nord, et au Sud pendant les déclinaisons Sud. Quand il se trouve au Nord, l'afflux Sud, poussé par le maximum de pression de l'hémisphère Sud, est transéquatorial, et constitue l'alizé Sud-Est au Sud de l'équateur et la mousson Sud-Ouest au Nord. De même, quand le maximum thermal se trouve au Sud de l'équateur, l'afflux Nord, poussé par le maximum de pression de l'hémisphère Nord, est transéquatorial, et constitue l'alizé Nord-Est au Nord de l'équateur et la mousson Nord-Ouest au Sud. Ces afflux Nord et Sud sont déviés vers l'Ouest ou vers l'Est selon qu'ils sont dirigés vers des rayons vecteurs croissants ou décroissants ; ainsi la région comprise entre les limites de l'oscillation annuelle du maximum thermal perçoit alternativement les vents de Nord-Est et de Sud-Ouest au Nord de l'équateur, et les vents de Sud-Est et de Nord-Ouest au Sud de l'équateur. Ces vents alternatifs portent le nom de moussons, mais le vent dirigé vers l'équateur est aussi considéré comme vent alizé.

3. — *Caractère hygrométrique des moussons alternatives.*

Les vitesses ascendantes de l'air produites au maximum thermal par l'action calorifique du soleil, entraînent dans la couche supérieure une grande quantité de vapeurs enlevées à la mer, et cet air, perdant de sa force dissolvante à mesure qu'il se refroidit en s'élevant, la vapeur entraînée se condense et se précipite en pluie. De même, les moussons de Sud-Ouest et de Nord-Ouest déterminent également des pluies torrentielles par leurs vitesses ascendantes résultant de leur mouvement méridien dirigé vers le pôle.

En effet, tout mouvement méridien ascendant en latitude implique une composante verticale ascendante, parce que les particules, sollicitées à se mouvoir dans le méridien, ne peuvent rester dans ce plan qu'en se déplaçant parallèlement à l'axe de la terre, et leur déviation ne commence que là où ce mouvement rencontre une résistance ; mais par là même qu'il y a déviation, tout le mouvement possible parallèle à l'axe de la terre se trouve effectué ou coexistant. .

La mousson du Sud-Ouest ascendante en latitude dans l'hémisphère Nord doit donc déterminer la pluie par ses vitesses ascendantes ; cette saison de pluies est connue sous le nom d'hivernage, et répond aux déclinaisons Nord du soleil.

Au contraire, la mousson du Nord-Est ou l'alizé descendant en latitude ayant une composante verticale descendante, augmente en force dissolvante de la vapeur et amène le beau temps ou la saison sèche pendant les déclinaisoins Sud.

Dans l'hémisphère Sud, c'est la mousson du Nord-Ouest qui forme la saison humide pendantl es déclinaisons Sud, et la mousson Sud-Est ou l'alizé amène la saison sèche pendant les déclinaisons Nord.

CHAPITRE IV.

INFLUENCE CLIMATOLOGIQUE DES CIRCULATIONS ATMOSPHÉRIQUES.

D'après les principes que nous venons d'exposer, tous les vents de circulation ascendants en latitude, ayant une composante verticale ascendante, diminuent en force dissolvante de la vapeur et doivent amener sa précipitation, et, au contraire, tous les vents descendants en latitude ayant une composante verticale descendante augmentent en force dissolvante de la vapeur et doivent apparaître secs.

Ainsi, dans l'hémisphère Nord, les vents qui ont une composante Nord s'abaissent, et les vents qui ont une composante Sud s'élèvent, contrairement à l'opinion des météorologistes qui font dériver le vent de Sud-Ouest inférieur de nos climats du vent de Sud-Ouest supérieur à l'alizé Nord-Est, sans songer que, par cet abaissement ce vent se dessécherait, loin d'amener la pluie, et ferait monter le baromètre, loin de le faire baisser.

En effet, la capacité de l'air pour la vapeur ou sa force dissolvante augmentant avec la température et la pression, elle augmente de haut en bas, puisque la température et la pression augmentent de haut en bas. Donc l'air entraîné de haut en bas par une vitesse descendante augmente en force dissolvante de la vapeur, et loin d'apporter de l'humidité au sol, il lui en enlève.

D'un autre côté, cet air descendant se trouvant forcément arrêté par le sol dans sa composante verticale, il s'accumule, et doit faire monter le baromètre loin de le faire baisser.

Au contraire, si les vents à composante Sud sont toujours ascendants dans l'hémisphère Nord, ils se refroidissent en s'élevant, perdent de leur capacité pour la vapeur, produisent des nuages et de la pluie. En même temps leur vitesse ascensionnelle raréfiant l'air inférieur fait baisser le baromètre, tandis que les vents de Nord étant descendants dans l'hémisphère Nord font monter le baromètre, et sont siccatifs en raison de l'augmentation progressive de leur capacité pour la vapeur à mesure qu'ils s'abaissent vers le sol.

Dans la circulation tropicale marquée sur la carte, le vent de Nord occupe la lisière Est du bassin maritime à la latitude moyenne de 30 degrés.

Il en est de même dans les divers bassins atmosphériques superposés, qui s'étendent de plus en plus dans l'intérieur des terres, représentées à cette latitude par les déserts du Sahara et de l'Arabie.

Ce ne sont donc pas ces déserts qui dessèchent le vent, comme on le suppose, mais c'est au contraire le vent siccatif du Nord qui est la cause de leur sécheresse et de l'aridité de leur climat, car les végétaux ne peuvent vivre sans eau.

Les bassins atmosphériques superposés s'étendant de plus en plus dans l'intérieur des terres à mesure qu'ils sont plus élevés, les vents perçus dans l'intérieur des terres appartiennent à des couches élevées au-dessus de la surface de la mer, dont la capacité pour la vapeur est faible; ces vents, en passant sur la mer, ne se chargent donc que d'une faible quantité de vapeurs. En arrivant à la limite de leur bassin, formé par la pente du sol, ils perçoivent une température plus élevée que celle existante sur mer à la hauteur de ce bassin; leur capacité pour la vapeur augmentera, et loin d'apporter de l'humidité au sol ils le dessécheront. En sorte que les chances de pluie diminuent progressivement en avançant dans l'intérieur des terres. C'est ce qui arrive dans les contrées centrales des continents. Ainsi le vent d'Ouest n'amène pas une goutte d'eau en Suède, tandis que la côte de Norwége, limite du bassin maritime, est ravinée par de fortes pluies amenées par le vent d'Ouest inférieur. Ce même vent détermine des pluies abondantes sur la côte de Portugal, tandis que l'intérieur de l'Espagne en est complétement dénué.

De même la circulation tropicale amène de fortes pluies à la Nouvelle-Orléans, à l'embouchure du Mississipi, tandis qu'elles décroissent progressivement en remontant le cours du fleuve ou en pénétrant dans l'intérieur des terres, au point que le caractère distinctif des Etats du Nord de l'Union américaine et du Canada résulte de l'extrême sécheresse de l'air; aussi, selon Desor (1), les émigrants d'Europe sont-ils étrangement surpris de la prompte dessication du linge mouillé, du pain frais, du plâtre nouvellement gâché, de l'absence de rosée, et des cristaux de glace sur les vitres dans les plus grands froids, enfin de la facile conservation des viandes, des fruits et des légumes dans les caves.

Les montagnes ou reliefs isolés, formant comme des îles dans les bassins atmosphériques, impriment au vent de circulation qui vient les frapper une direction ascendante par leur pente située au vent. Ce mouvement ascensionnel de l'air vers une région plus froide amène la précipitation d'une partie de sa vapeur, et détermine ces nuages parasites attachés au flanc des montagnes à une hauteur d'autant moindre que le vent est plus fort. (De Tessan, *Vénus*, t. V, p, 305, et Kaemtz, *Météorologie*, p. 114). Par là s'explique aussi l'humidité perpétuelle observée par M. de Humboldt sous les tropiques à 3,600 et 3,900 mètres de hauteur. (*Cosmos*, t. I, p. 401).

La quantité de vapeur que l'air peut dissoudre diminuant avec la température, qui diminue à la fois de bas en haut et de l'équateur au pôle, les vitesses ascendantes produites par les reliefs du sol dans les vents polaires moins chargés de vapeurs détermineront une moindre précipitation que celles produites dans les

---

(1) Du climat des États-Unis et de son influence sur les mœurs des habitants.

vents ascendants en latitude ; ainsi, dans l'hémisphère Nord, les pentes méridionales des reliefs situés dans les vents maritimes ascendants en latitude seront celles qui détermineront les plus fortes pluies.

CHAPITRE V.

DES VARIATIONS ANNUELLE ET MENSUELLE DU RÉGIME DES COURANTS ET
DES VENTS PRODUITES PAR LES VARIATIONS DE L'ACTION DES ASTRES

1. — *Des variations de vitesse des circulations.*

Les variations du coefficient (1) de l'action solaire et lunaire
produisent deux effets distincts sur les circulations liquides et
atmosphériques, des variations périodiques de vitesse et des oscillations ou déplacements périodiques sur les méridiens. Les
vitesses de circulation proportionnelles aux forces qui les produisent augmentent avec le coefficient de l'action solaire et lunaire de l'apogée au périgée, et diminuent du périgée à l'apogée
de chacun des astres, et sont ainsi soumises à une périodicité
annuelle et à une périodicité mensuelle. D'un autre côté, elles
varient avec leur déclinaison, et présentent un maximum pour
chaque astre lorsqu'il est à l'équateur, c'est-à-dire aux équinoxes
et aux nœuds de la lune, et un minimum aux solstices et aux lunistices ; de là, une périodicité semi-annuelle et une périodicité
semi-mensuelle des vitesses des circulations.

Les faits observés sont conformes à ces indications, en ce qui
concerne les variations annuelle et semi-annuelle ; l'on n'ignore
pas que le vent et les coups de vent sont plus forts en hiver qu'en
été, et qu'ils atteignent leur plus grande force aux équinoxes ;
mais si les périodicités annuelle et semi-annuelle se trouvent
ainsi hors de contestation, celles mensuelle et semi-mensuelle

----

(1) Ce coefficient est $\dfrac{L}{r^3}\left(1 - 3\,sin.^2\,V\right) + \dfrac{L'}{r'^3}\left(1 - 3\,sin.^2\,V'\right)$.

Laplace, *Mécan. cél.*, t. II, p. 230.

sont loin d'être connues, et ont été confondues avec les perturbations accidentelles. Cependant nous pourrions citer de nombreux
faits qui témoignent de leur existence, mais ils ne sauraient trouver place ici, et nous nous contenterons d'appeler l'attention des
observateurs sur les variations mensuelle et semi-mensuelle des
vitesses des circulations tant liquides qu'atmosphériques.

2. — *Des oscillations ou déplacements périodiques des circulations liquides.*

Nous avons vu que l'action des forces constantes se trouvait
équilibrée au large par la dénivellation qu'elles ont dû produire
sur chaque méridien; or, l'on conçoit que si la force vient à augmenter, cet équilibre se trouve rompu, et qu'il y a un mouvement produit dans le sens de la force par son excès sur sa valeur
antérieure, qui se trouvait équilibrée. Ainsi, la différence de
deux valeurs successives de la force constitue sur tous les méridiens du large une force efficiente de mouvement méridien. Or,
d'après l'expression analytique des forces méridiennes solaire et
lunaire (*Mécan. cél.*, t. II, p. 230), ce sont les variations de déclinaison qui déterminent les plus grandes différences de deux
états successifs de ces forces, et ces différences sont un multiple
négatif du sinus du double de la déclinaison, en sorte qu'elles
changent de signe avec la déclinaison et croissent ou décroissent
avec elle.

Pendant les déclinaisons Nord, le mouvement produit est dirigé vers le Nord, et pendant les déclinaisons Sud il est dirigé
vers le Sud. Ainsi les déclinaisons du soleil déterminent une
oscillation annuelle, et celles de la lune une oscillation mensuelle.
Le maximum de vitesse Nord de ces oscillations respectives répond au solstice et au lunistice Nord, et le maximum de vitesse
Sud répond au solstice et au lunistice Sud.

Ces déplacements se font dans le sens du méridien et sont proportionnels au sinus du double de la latitude, comme les forces

qui les produisent ; ils atteignent donc leur maximum sur le parallèle de 45°. Ils se rapportent à toute la masse des eaux et de l'atmosphère.

Ces deux oscillations, annuelle et mensuelle, existant sur tous les méridiens du large, entraînent forcément avec elles les circulations liquides et atmosphériques ; de plus, la quantité de mouvement produite au large imprime une vitesse considérable à la masse littorale beaucoup plus faible, laquelle affecte nécessairement les courants et les vents méridiens des deux rives Est et Ouest du bassin.

Le déplacement vers le Nord, pendant les déclinaisons Nord, accélère les courants littoraux Nord, et affaiblit ceux dirigés vers le Sud. Au contraire, le déplacement vers le Sud, pendant les déclinaisons Sud, accélère les courants Sud et affaiblit les courants Nord.

Ainsi, les courants Nord du Gulf Stream et de la côte de Norwége ont leur maximum de vitesse au solstice et au lunistice Nord, et leur minimum au solstice et au lunistice Sud, tandis que les courants Sud de la côte Est du Groënland et de la côte Nord-Ouest d'Afrique ont leur maximum de vitesse au solstice et au lunistice Nord.

Ces variations de vitesse sont conformes à celles que Rennell (1) a conclu des observations faites dans le Gulf Stream ; le tableau qui les résume établit clairement la périodicité annuelle des vitesses de ce courant, et l'on y retrouve également l'indication d'un maximum et d'un minimum mensuel.

Quant à l'oscillation annuelle de 5° en latitude du parcours Est et Ouest du Gulf Stream au large, elle a été parfaitement établie par M. Maury, qui a reconnu, par de nombreuses observations, que ce parcours atteint sa latitude la plus élevée en septembre, à la fin des déclinaisons Nord, et sa latitude la plus

____

(1) Investigation of the Currents, p. 198,

basse en mars, à la fin des déclinaisons Sud du soleil. (Maury,
Sailing Direction, résumé, Tricault, p. 108).

Nous avons donc lieu d'espérer que cet illustre et infatigable
collecteur d'observations parviendra également à y découvrir
des preuves palpables de l'oscillation mensuelle, le jour où son
attention se trouvera éveillée sur cette recherche importante. A
cet égard, les résultats auxquels nous ont conduit quelques observations isolées nous garantissent d'avance les confirmations de
nos vues théoriques, qui pourront ressortir d'un nombre plus
imposant d'observations.

Ainsi, dès maintenant, nous trouvons dans l'oscillation mensuelle dirigée au nord pendant les déclinaisons nord, et au sud
pendant les déclinaisons sud de la lune, la réponse aux questions
suivantes posées par M. de Humboldt.

« Les observations qu'on a déjà recueillies sur la force et la
direction des vents, sur la température et la rapidité des courants, sur l'influence des saisons ou de la déclinaison variable
du soleil, ont suffi pour débrouiller en grand le système compliqué de ces fleuves pélagiques, qui sillonnent la surface de
l'Océan ; mais il est moins facile de concevoir les causes des
changements qu'éprouve le mouvement des eaux *dans une même
saison et par un même vent*. « Pourquoi le *Gulf Stream* se porte-
« t-il tantôt sur les côtes de la Floride, tantôt sur le banc de
« Bahama ? Pourquoi les eaux coulent-elles pendant des se-
« maines entières de la Havane à Matanzas par des vents mous? »
(*Voyage aux régions équinoxiales de l'Amérique*, t. III, p. 512).
Il s'agit de vents mous, donc cet effet n'est pas produit par le
vent, la rive de Cuba étant au Sud de la Floride ; nous pensons
que ce sont les déclinaisons Sud de la lune qui rapprochent le
Gulf Stream de la rive de Cuba, et les déclinaisons Nord qui
le poussent vers la rive de la Floride. Ces déclinaisons agissent
en effet pendant des semaines entières.

Si cette explication est vraie, comme les déclinaisons Sud
affaiblissent le Gulf Stream, ce courant doit être plus faible lors-

qu'il longe la côte de Cuba que lorsqu'il baigne celle de la Floride.

3.— *Effets résultant des oscillations ou déplacements périodiques des circulations atmosphériques.*

L'air étant plus mobile que l'eau, l'amplitude des oscillations atmosphériques est plus grande que celle des oscillations liquides produites par la même cause. Cette amplitude, proportionnelle à *sin.* 2 *l* a son maximum à la latitude de 45 degrés, où elle est d'environ 12 degrés pour l'air, tandis qu'elle n'est que de 5 degrés pour l'eau; à la latitude de 30 degrés l'amplitude de l'oscillation n'est que 10 degrés pour l'air.

Les circulations marquées sur la carte représentent leur position moyenne au milieu de l'amplitude de leur oscillation annuelle; cette position est celle solstitiale et répond aux mois de juin et de décembre. A la fin des déclinaisons Nord du soleil, en septembre, la limite de séparation des circulations se trouve portée à 6 degrés au Nord de sa position moyenne solstitiale et à la fin des déclinaisons Sud, en mars, elles se trouvent portées à 6 degrés au Sud de cette position moyenne.

La variation de latitude du calme tropical, qui sépare les vents d'Est des vents d'Ouest, n'est que de 5 degrés au Nord en septembre, et de 5 degrés au Sud, en mars, de son parallèle moyen de 30 degrés.

Ainsi, en faisant abstraction du parcours considérable de l'air dans chaque circulation qui, en 6 mois, fait environ le quart du développement entier de la circulation, il arrive, par le seul fait de l'oscillation annuelle, qu'en septembre on respire l'air qui se trouvait à 10 degrés plus Sud, et qu'en mars on respire l'air qui était 10 degrés plus Nord en septembre. C'est pourquoi il fait plus chaud en septembre qu'en mars.

Ce parcours de 10 degrés en 6 mois donne par jour un parcours moyen de 3 milles 3, et pour la vitesse maxima solstitiale 0 mille 2, ou deux dixièmes de mille à l'heure. Cette faible vitesse méridienne étant parfaitement négligeable et ne pouvant modifier la direction des vitesses de circulation, il en résulte que les vitesses perçues au large en juin et décembre, aux solstices, ont pour direction celle même donnée par la carte ; qu'en mars leur direction est fournie par celle marquée dans le carreau situé au-dessus de celui considéré, et qu'en septembre elle est fournie par celle marquée dans le carreau au-dessous.

Le mouvement oscillatoire du large étant inamissible, s'il se trouve localement retardé par des différences anormales de température, ce retard est racheté par une accélération de vitesse dès que la cause perturbatrice du mouvement a disparu. Ainsi, dans certaines circonstances, il se produira même au large une composante méridienne sensible qui sera Nord pendant les déclinaisons Nord, et Sud pendant les déclinaison Sud.

De même que l'oscillation liquide du large imprime une vitesse considérable aux eaux littorales, de même la quantité de mouvement de l'oscillation atmosphérique se traduit en vitesses méridiennes non négligeables sur les limites du bassin atmosphérique. Ainsi, dans la partie occidentale de la mer des Antilles et dans le golfe du Mexique, le vent souffle du Sud pendant les déclinaisons Nord d'avril à octobre, saison des pluies, et du Nord pendant les déclinaisons Sud d'octobre à avril, saison sèche. (Bérard, *Mémoire sur le golfe du Mexique*.)

4. —*La pression barométrique moyenne est moindre en été qu'en hiver.*

Dans l'hémisphère Nord, le solstice Nord répondant au maximum de vitesse Nord de la demi oscillation annuelle dirigée vers le Nord, la vitesse verticale ascendante inhérente à ce mouvement Nord fait baisser le baromètre.

Au contraire, le solstice Sud répondant au maximum de vitesse Sud de la demi oscillation annuelle dirigée vers le Sud, la vitesse

verticale descendante inhérente à ce mouvement fait monter le
baromètre.

C'est pourquoi les pressions moyennes sont moindres en été
qu'en hiver.

5. — *Du régime annuel inverse des vents sur les côtes opposées d'Europe et d'Amérique.*

La côte d'Europe comprise dans la moitié Sud de la circulation polaire perçoit le vent de Sud-Ouest, tandis que la côte
opposée d'Amérique perçoit le vent de Nord-Ouest. (Voir la carte.)

La côte d'Europe comprise dans la circulation tropicale perçoit
le vent de Nord Ouest, tandis que celle opposée d'Amérique
perçoit le vent de Sud-Ouest.

La ligne de séparation des deux circulations occupant le parallèle de 40 degrés latitude en mars, et celui de 50 degrés en septembre, il arrive que l'intervalle de 10 degrés de ces deux parallèles est alternativement occupé par la circulation polaire en
mars et par la circulation tropicale en septembre, que la côte
d'Europe y perçoit des vents de Sud-Ouest en mars et des vents
de Nord-Ouest en septembre, et que la côte d'Amérique comprise
entre ces mêmes parallèles perçoit des vents de Nord-Ouest en
mars et des vents de Sud-Ouest en septembre.

Ce régime inverse des vents sur ces côtes opposées, entre les
parallèles en question, a été entrevu par Franklin, et se trouve
confirmé par les recherches spéciales de Dove et de Kaemtz en
Europe, et en ce qui concerne la mer et l'intérieur de l'Amérique par les observations publiées par Coffin.

C'est donc à tort que l'on considère les vents de Sud-Ouest et
de Nord-Ouest d'Europe comme le prolongement des vents de
Sud-Ouest et de Nord-Ouest d'Amérique, et que l'on fait entre-
croiser ces vents dans la mer intermédiaire.

Les directions fournies par les déplacements de la circulation
tropicale, entre les parallèles de 25 degrés et 35 degrés de lati-

tude, sont également conformes aux observations sur les deux
côtes opposées, et présentent une grave objection à la théorie
thermale des vents, en ce que le vent de Nord-Est prévaut en
septembre par le travers du Sahara, vrai foyer calorifique situé
dans l'Est de la mer qui devrait appeler le vent d'Ouest si les
mouvements de l'air résultaient de la différence de température
de la terre et de la mer, selon la théorie admise.

6. — *Influence hygrométrique des vents de circulation.*

L'oscillation annuelle des circulations tropicale et polaire,
amenant leur limite de séparation sur le parallèle de 40 degrés
en mars et sur celui de 50 degrés en septembre dans l'Est, la
latitude de 45 degrés se trouve occupée en mars par le vent de
Sud-Ouest ascendant, et en septembre par le vent de Nord-Ouest
descendant. Le temps sera humide pendant les déclinaisons Sud
du soleil en hiver et au printemps parce que les vitesses ascendantes prévaudront, et il sera sec en été et en automne parce
que les vitesses descendantes prévaudront.

Au Nord de 45 degrés de latitude, la saison sèche des vitesses
descendantes ou siccatives se raccourcira, et la saison humide
des vitesses ascendantes s'allongera à mesure qu'on s'approchera
du parallèle de 50 degrés.

Au contraire, au Sud de 45 degrés de latitude, la saison sèche
s'allongera et la saison humide se raccourcira à mesure que l'on
s'approchera du parallèle de 40 degrés de latitude.

Au Nord de 50 degrés de latitude prévaudront, avec le vent de
Sud-Ouest, les vitesses ascendantes ou pluvieuses pendant toute
l'année, et au Sud du parallèle de 40 degrés, prévaudront, avec
le vent de Nord-Ouest, les vitesses descendantes ou siccatives
pendant toute l'année. Ces résultats concordent avec les positions
assignées par Berghaus aux bandes des pluies, selon la saison,
sur sa carte hiétographique de l'Europe, comme aussi avec les
zones de pluies de M. Gasparin. (*Météor. agric.*, t. II, p. 244.)

7. — *Variations mensuelles du régime des vents.*

Tout ce que nous avons dit de l'oscillation annuelle produite par les variations de l'attraction solaire s'applique à l'oscillation mensuelle produite par les variations de l'action lunaire.

Ainsi, les circulations atmosphériques doivent se déplacer vers le Nord pendant les déclinaisons Nord de la lune, et vers le Sud pendant les déclinaisons Sud.

Leur position moyenne mensuelle doit se rapporter aux lunistices. Elles doivent atteindre la limite Nord de leur oscillation mensuelle au nœud descendant de la lune et la limite Sud au nœud ascendant.

L'oscillation méridienne mensuelle de la circulation tropicale entraîne le calme tropical ou la limite polaire des vents alizés ; de là les variations de cette limite auxquelles se joignent encore des variations diurnes.

Nous avons essayé de mêler l'influence lunaire dans les observations recueillies par les navigateurs prussiens d'après le tableau qu'en a donné Berghaus dans sa géographie, t. 1, p. 346. Pour cela, nous avons joint à ce tableau deux colonnes donnant l'une la latitude du calme tropical dans son oscillation annuelle, l'autre des chiffres proportionnels à l'écart de ces latitudes produit par l'action lunaire. Ces chiffres sont positifs quand l'écart augmente la latitude du calme tropical, ils sont négatifs quand il diminue cette latitude.

L'oscillation lunaire du calme tropical étant dirigée vers le Nord pendant les déclinaisons Nord et vers le Sud pendant les déclinaisons Sud, ce calme passe à sa position moyenne solaire aux lunistices ; il est au Nord de cette position moyenne 1, 2, 3, 4, 5, 6, 7 jours après le lunistice Sud , et l'écart au Nord est proportionnel à ces chiffres respectifs que nous accompagnons à cause de cela du signe $+$.

Au contraire, le calme tropical est au Sud de sa position

moyenne 1, 2, 3, 4, 5, 6, 7 jours avant le lunistice Nord ou après le lunistice Sud, et cet écart vers le Sud est proportionnel à ces chiffres respectifs que nous accompagnons alors du signe —, parce qu'il diminue la latitude du calme tropical. A l'aide de la connaissance des temps nous avons pu trouver le chiffre de l'écart lunaire correspondant à chacune des dates fournies par les observations et nous l'avons inscrit dans la quatrième colonne entre la latitude moyenne mensuelle du calme tropical et la latitude observée de la limite de l'alizé; nous avons ainsi obtenu le tableau suivant, relatif à l'océan Atlantique septentrional :

Limite polaire de l'alizé Nord-Est.

ANNÉE.	JOUR.	LATITUDE moyenne du calme tropical	ACTION lunaire.	LATITUDE Nord.	LONGITUDE Ouest.	OBSERVATEURS
				Janvier.		
1829......	12	27°	— 5	24° 0′	28° 41′	Cap. Kasten.
1830......	18	»	0	19 52	39 9	— Siewert
1833......	20	»	— 1	22 22	23 9	— Wendt.
				Février.		
1826......	5	26	— 5	26 40	40 27	— Schooff.
1828......	10	»	0	32 54	20 4	— Reintrock.
1835......	20	»	+ 3	30 37	80 14	— Siewert.
				Mars.		
1829	10	25	— 2	23 55	64 24	— Kosten.
1832......	17	»	+ 7	34 29	16 57	— Wendt.
				Avril.		
1826......	11	26	+ 4	29 47	52 25	— Bohl.
1826......	17	»	+ 6	29 52	60 22	— Wendt
				Mai.		
1826......	11	28	+ 2	35 20	26 23	— Harmssen.
1828......	13	»	— 3	27 59	29 26	— Rieck.
1830......	16	»	— 6	23 41	46 18	— Reintrock.

Limite polaire de l'alizé Nord-Est.

(Suite).

ANNÉE.	JOUR.	LATITUDE moyenne du calme tropical.	ACTION lunaire.	LATITUDE Nord.		LONGITUDE Ouest.		OBSERVATEURS.
Juin.								
1826.....	24	30	— 5	22	43	65	47	— Bohl.
1830.....	4	»	+ 3	30	16	71	39	— Siewert.
1835.....	9	»	+ 3	41	34	17	25	— Siewert.
1832.....	29	»	+ 1	33	41	24	36	— Wendt.
Juillet.								
1828.....	13	32	+ 4	30	40	61	42	— Rieck.
1829.....	5	»	+ 5	32	03	42	45	— Harmssen.
Août.								
1826.....	12	34°	— 1	28°	34	72°	23	Cap. Bohl.
1828.....	2	»	+ 5	33	55	43	19	— Reintrock.
Septembre.								
1826.....	9	35	0	37	08	18	36	— Schooff.
Octobre.								
1830.....	17	34	+ 5	26	26	24	38	— Wendt.
Novembre.								
1827.....	27	32	— 7	25	51	40	41	— Rieck.
1830.....	14	»	— 5	27	36	20	2	— Hagemeister.
Décembre.								
1830	27	30	— 2	20	0	34	15	— Schooff.
Id....	»	»	— 2	24	04	35	0	— Moritz.
Id....	»	»	— 2	23	50	36	27	— Siewert.

A l'inspection de ce tableau l'on reconnaît facilement que la limite polaire observée de l'alizé s'écarte de la latitude moyenne annuelle du calme tropical dans le sens marqué par le signe du

chiffre représentant l'action lunaire, et est même assez généralement proportionne'le à ce chiffre.

Nous avons souligné les longitudes des positions dont les observations semblent anomaliques, et l'on peut voir de suite que
ces longitudes sont toutes assez faibles pour pouvoir attribuer
ces anomalies au voisinage de la côte d'Afrique dont la haute
température doit en effet exercer une influence sur le régime
des vents jusqu'à une certaine distance au large par les brises de
terre et de mer, et où d'un autre côté, le vent littoral appartient
plutôt à la circulation tropicale qu'aux vents alizés, car cette circulation fait percevoir des vents faciles à confondre avec l'alizé,
comme cela paraît par l'observation du 10 février 1828.

Les observations du 27 décembre 1830 faites en trois points
assez voisins présentent entre elles des différences de latitude
qui ne peuvent s'expliquer que par la variation diurne de la limite
de l'alizé, selon que l'on atteint cette limite le jour vers le soir
ou la nuit vers le matin, elle peut présenter une différence de
position égale au chemin qu'un navire peut faire en douze heures,
c'est-à-dire d'environ 2 degrés en latitude.

Quoi qu'il en soit l'on ne saurait nier la conformité des écarts
observés (entre la limite de l'alizé et sa position moyenne mensuelle) et les écarts représentant l'influence lunaire ; cette conformité conclue d'observations faites à des années différentes
et par des observateurs différents ne saurait être considérée
comme fortuite, dès lors nous sommes parfaitement fondés à
attribuer à l'action lunaire les variations mensuelles de la limite
des vents alizés.

Dès lors la méthode par laquelle nous avons essayé de faire entrer cette donnée dans la détermination du jour du départ des
traversées les plus favorisées se trouve suffisamment justifiée. En
effet, si l'oscillation méridienne mensuelle de la circulation tropicale entraîne avec elle le calme tropical ou la limite de séparation
des vents d'est alizés et des vents d'ouest, les routes de Saint-
Nazaire et de Cadix à Saint-Jean de Nicaragua seront d'autant

plus favorisées que cette limite occupera une latitude plus élevée ;
il importe donc que la route d'aller traverse cette limite au nœud
descendant de la lune. Les circonstances favorables à la route
d'aller étant défavorables à celle de retour, celle-ci devrait s'effectuer de manière à percevoir la limite nord de l'alizé ou le
calme tropical dans sa position mensuelle la moins élevée en latitude, c'est-à-dire au nœud ascendant de la lune.

L'on voit par là que les oscillations mensuelles des circulations présentent un intérêt nautique réel, et qu'elles méritent de
fixer toute l'attention des navigateurs, car elles permettent de
mettre à profit les variations mensuelles observées dans les limites polaires des vents alizés, variations coexistantes avec celles
annuelles produites par l'action solaire, mais demeurées jusqu'ici
indéterminées dans leur loi. Or, cette loi ressort clairement de nos
inductions théoriques et se trouve parfaitement confimée par les
observations que nous avons produites, quoique nous n'ayons pu
apprécier les écarts résultant des variations diurnes qui s'y
trouvent mêlées ; à cet égard, les observations collectées par
M. Maury pourront utilement achever de mettre en évidence
l'influence lunaire sur les déplacements de la limite des vents
alizés, et nous appelons toute son attention sur ce sujet important.

Dans l'hémisphère Nord le maximum de vitesse de la demi-
oscillation dirigée vers le Nord étant perçu au lunistice Nord, les
vitesses ascendantes inhérentes à ce mouvement feront baisser
le baromètre et détermineront des nuages ou de la pluie. C'est
ce qui doit arriver aux nouvelles lunes d'été et aux pleines lunes
d'hiver.

Le maximum de vitesse de la demi-oscillation dirigée vers le
Sud étant perçu au lunistice Sud, les vitesses descendantes
inhérentes à ce mouvement feront monter le baromètre et pourront dissiper la pluie ou les nuages. C'est ce qui doit arriver
surtout aux nouvelles lunes d'hiver et aux pleines lunes d'été.

CHAPITRE VI.

---

1. — *De la température moyenne annuelle aux diverses latitudes.*

Les déclinaisons inverses du soleil se compensant dans le cours de l'année, les températures moyennes peuvent être considérées comme déterminées par l'action calorifique du soleil situé à l'équateur. Or, cette action est en raison directe 1° de la puissance calorifique s du soleil à la distance où se trouve la terre ; 2° de la conductibilité c du sol ; 3° du sinus de l'angle d'incidence I des rayons solaires ; enfin, elle est en raison inverse de l'épaisseur ε de la couche atmosphérique traversée et de sa densité moyenne ρ.

En sorte que la température $\tau = \dfrac{c\,s\,\sin.\,I.}{\varepsilon\,\rho}$

Or, à l'inspection de la figure ci-dessous :

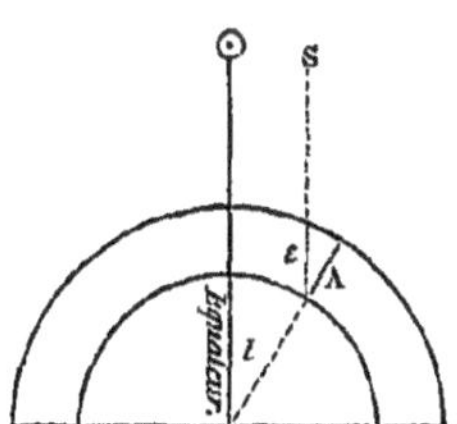

on reconnaît que l'angle I est le complément de la latitude ; d'où sin. $I = \cos. l$, et l'on a pour la hauteur de l'atmosphère :

136   CLIMATOLOGIE THERMALE.

$A = \varepsilon \cos. l$, d'où $\varepsilon = \dfrac{A}{\cos. l}$. Substituant ces valeurs dans τ, il vient $\tau = \dfrac{c\,s \cos.\,^2 l}{A\,\rho}$.

Telle est la loi de distribution des températures moyennes en mer sur tous les méridiens. Le coefficient constant $\dfrac{c\,s}{A\,\rho}$ représentant l'excès de la température moyenne à l'équateur sur celle du pôle, et le 0° des divisions centigrades du thermomètre ne correspondant pas à la température du pôle ; si l'on désigne par e la température équatoriale fournie par le thermomètre et par b celle polaire, le coefficient constant serait représenté par $(e - b)$, et il faudrait ajouter la température b du pôle à toutes celles fournies par la formule pour les traduire en températures centigrades.

Ces températures seront représentées par

$$\tau = (e + b) \cos.\,^2 l - b \quad (A).$$

Pour déterminer e et b deux observations sont nécessaires.

Supposons, par exemple, connue la température moyenne équatoriale $e = 28°$ centigrades, et qu'à la latitude de 60° la température moyenne soit 0° dans la mer du Sud.

On aura $0° = (28° + b) \cos.\,^2 60° + b$.

Or, $\cos. 60 = \dfrac{1}{2}$ et $\cos.\,^2 60 = \dfrac{1}{4}$.

Donc $0° = \dfrac{1}{4} 28° + \dfrac{1}{4} b + b$, ou $3 b = -28$. D'où $b = -9°,3$, et $e - b = 37°,3$.

Substituant ces valeurs dans l'équation (A), il vient :

$\tau = 37°,3 \cos. l - 9°,3$, qui donne la courbe suivante pour la température moyenne de l'air à la surface de la mer :

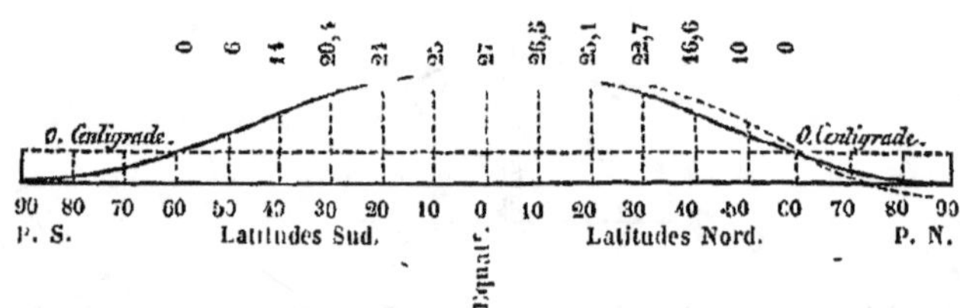

—— Courbe théorique.
- - - Courbe d's observations. Les degrés centigrades observés dans l'océan Atlantique sont inscrits sur les ordonnées d'après Berghaus. Geogr., t. I, p. 406. Dans l'hémisphère Sud, les deux courbes sont identiques.

L'on a aussi cos. $^2 l = \dfrac{\tau + 9°,3}{37°,3}$.

En faisant successsivement :

$$\tau = 28°,\ 25°,\ 20°,\ 15°,\ 10°,\ 5°,\ 0°.$$

On obtiendra $l = 0°,\ 16°,\ 28°,\ 39°,\ 45°, 52°, 60°.$

Or, ces latitudes sont précisément celles des lignes isothermes homologues tracées par M. de Humboldt, dans la mer du Sud, d'après les observations existantes. Cette concordance parfaite confirme l'exactitude de la formule (A) pour les températures moyennes du large.

Maintenant, si l'on tient compte de la direction méridienne locale des circulations atmosphériques polaires sur les deux rives opposées et sur les continents qu'elles bordent, l'on se rendra facilement raison de la différence des températures moyennes à égale latitude sur ces continents.

En effet, l'on voit de suite que, dans les hautes et moyennes latitudes situées dans la circulation polaire, la température moyenne doit être plus élevée dans l'Est, où la circulation amène l'air du Sud, que dans l'Ouest, où elle amène l'air du Nord. Dans l'Est, la température moyenne excédera celle du large, et dans l'Ouest, elle sera plus faible.

C'est pourquoi les températures moyennes de l'Amérique septentrionale dans les hautes et moyennes latitudes de sa partie orientale sont plus basses que celles observées en Europe comprises dans les mêmes circulations polaires.

C'est pourquoi aussi les températures moyennes aux mêmes latitudes sont plus basses dans l'Asie orientale que sur la côte occidentale d'Amérique, qui perçoit les vents de Sud de la circulation polaire du grand Océan, tandis que l'Asie orientale perçoit les vents de nord de cette circulation (1).

---

(1) Quant aux différences de température des rives opposées comprises dans la circulation tropicale, elles sont produites par le refoulement transéquatorial, ainsi que nous l'avons démontré.

Depuis Forster (1), on attribue ces différences de température moyenne aux vents d'Ouest prédominants, en admettant que ce vent de mer empêche les continents vers lesquels il souffle de se refroidir ; or, si les différences observées étaient inverses, on admettrait, avec autant de raison, que le vent de mer empêche le continent de s'échauffer ; dans tous les cas, l'action de ce vent ne pourrait que faire percevoir dans l'Est la température moyenne du large et non une température plus élevée. Il faut donc bien que cette surélévation soit produite par une cause moins nuageuse, plus efficace et plus réelle que cette prétendue influence du vent d'Ouest. Or, cette cause est clairement indiquée par le sens des circulations atmosphériques, ainsi que nous l'avons démontré.

2. — *Des températures extrêmes annuelles aux diverses latitudes.*

Quand le soleil occupe une déclinaison ν, comme dans la figure ci-dessous :

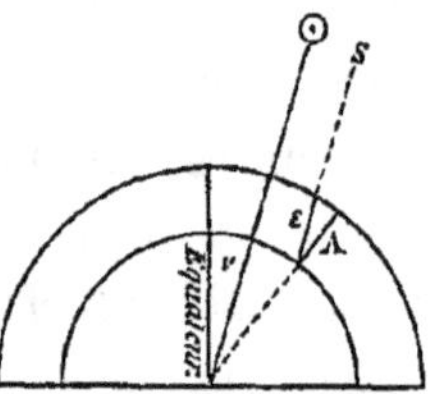

l'angle d'incidence I donne sin. $I = \cos. (l - \nu)$, et la hauteur de l'atmosphère $A = \varepsilon \cos. (l - \nu)$ donne $\varepsilon = \dfrac{A}{\cos. (l - \nu)}$; en sorte que la température aux diverses latitudes devient :

$$\tau' = \frac{c\,s}{A\,\rho} \cos.\,^2(l - \nu),$$

et l'équation A devient $\tau' = (e - b) \cos.\,^2(l - \nu) + b.$

***

(1) *Cosmos*, I, p. 383.

Les déclinaisons négatives donneraient :

$$\tau'' = (e - b)\ \cos.\ ^2(l + v) - b\,;$$

la différence des températures extrêmes solsticiales serait :

$$(\tau' - \tau'') = (e - b)\ [\cos.\ ^2(l - v) - \cos.\ ^2(l + v)]\ .$$
$$= (e - b)\ \sin.\ 2\,l \sin.\ 2\,v.$$

Or, la somme des déclinaisons extrêmes étant de 45°, on a sin. $2\,v = 0,7$; et nous avons trouvé ci-avant $(e - b) = 37°\,3$.

Donc $(\tau' - \tau'') = 37°\,3 \times 0,7 \sin.\ 2\,l = 26°\ \sin.\ 2\,l.$

Ainsi la différence des températures extrêmes annuelles est de 26° à la latitude de 45° et décroît des deux côtes de cette latitude en allant vers le pôle et vers l'équateur.

Or, nous avons trouvé 10° pour la température moyenne à la latitude de 45° ; les températures extrêmes annuelles seront donc à cette latitude :

$$10° + 13° = 23°, \text{ en été},$$
$$\text{et } 10° - 13° = -3°, \text{ en hiver}.$$

Ces résultats sont conformes à l'observation en mer, la valeur de $(e - b)$ ayant été fournie par des observations faites en mer. Pour avoir les extrêmes annuels à terre, il faudrait préalablement connaître $(e - b)$, dont la valeur excédera celle adoptée ci-dessus, et l'on trouvera ainsi un écart annuel qui excédera 26° à la latitude de 45°, mais qui serait le même dans l'Est que dans l'Ouest. Or, d'après l'observation, l'écart des températures extrêmes annuelles entre les latitudes de 40° et 50° est beaucoup plus grand dans l'Ouest des bassins atmosphériques que dans l'Est.

Dans l'Ouest, la différence des températures extrêmes d'été et d'hiver est excessive et justifie la dénomination de climats excessifs donnée par Buffon. Dans l'Est, au contraire, la différence est affaiblie ou moindre que celle normale existant en mer, et caractérise les climats tempérés que l'on désigne aujourd'hui sous le nom de climats maritimes, quoiqu'ils s'étendent au loin dans l'intérieur des continents et embrassent toute l'Europe, tandis qu'on comprend dans les climats continentaux celui excessif de Terre-Neuve, situé au milieu de la mer.

La cause de cette singulière anomalie de dénominations provient de ce que l'on attribue ces différences de climats aux vents d'Ouest, qui sont maritimes dans l'Est et continentaux dans l'Ouest, et comme à cause de la faible conductibilité de l'eau par rapport à celles des terres les températures extrêmes annuelles doivent présenter un moindre écart sur mer, l'on suppose que le vent d'Ouest substitue ce moindre écart sur les terres dans l'Est, tandis qu'il ne change pas celui existant dans l'Ouest ; par là on rend assez bien raison de l'augmentation progressive de l'écart à mesure qu'on avance dans l'intérieur des terres dans l'Est, mais l'on n'explique pas son augmentation progressive dans l'Ouest à mesure que l'on s'approche de la mer. Ce qui prouve que la différence de conductibilité de l'eau et des terres n'est pas la cause réelle ou unique des différences de ces climats, dont toutes les particularités dérivent au contraire naturellement des circulations atmosphériques et de leur oscillation méridienne annuelle, ainsi que nous allons le montrer.

La zone comprise entre les parallèles de 40 et 50 degrés de latitude étant située dans la circulation tropicale en été et dans celle polaire en hiver, il en résulte que, dans l'Est, la chaleur estivale se trouve tempérée par le vent de Nord Ouest de la circulation tropicale, et qu'en hiver le froid se trouve amoindri par le vent de Sud-Ouest de la circulation polaire.

Au contraire, dans l'Ouest, en été la circulation tropicale fait percevoir le vent de Sud-Ouest qui élève la température, et en hiver la circulation polaire fait percevoir le vent de Nord-Ouest qui augmente le froid. Ainsi tandis que, dans l'Est, l'écart des températures extrêmes annuelles est amoindri, il se trouve augmenté dans l'Ouest.

Si l'on remarque maintenant que l'air circule plus facilement sur mer que sur terre où son mouvement est entravé par les aspérités du sol, l'on comprendra que ses déplacements en latitude doivent être plus forts dans le voisinage de la mer que dans l'intérieur des continents ; par suite, dans l'Est, à mesure que l'on se rapprochera de la rive Est de la mer, les étés seront plus tempérés et les hivers moins rigoureux. Au contraire, dans l'Ouest, à mesure que l'on se rapprochera de la rive Ouest de la mer les étés seront plus chauds et les hivers plus froids. C'est en effet ce qui résulte des observations.

L'on voit maintenant pourquoi, à New-York, l'été est aussi chaud qu'à Rome et l'hiver aussi froid qu'à Copenhague ; pourquoi à Québec la chaleur estivale est celle de Paris et le froid hivernal celui de Saint-Pétersbourg, et en étendant ces considérations au grand Océan, pourquoi à Péking, l'été est aussi chaud qu'au Caire et l'hiver aussi froid qu'à Upsal. (De Humboldt, *Mél.*, I, p. 251, et *Cosmos*, I, p. 383-386.)

Si les circulations atmosphériques expliquent, par leur sens et leur position moyenne annuelle, les climats surélevés ou surbaissés en température moyenne, et par leur oscillation annuelle les climats excessifs et les climats tempérés caractérisant les rives opposées d'un même bassin, il est visible que ces climats exceptionnels, qui semblaient, en apparence, infirmer toute loi tirée des causes générales, dérivent au contraire directement et naturellement de l'action des astres sur l'atmosphère.

Cette action, en déterminant des mouvements analogues au sein de la mer, y produit également des modifications dans la distribution normale des températures soit moyennes, soit extrêmes ; de là les inflexions locales des lignes isothermes diverses selon que le courant est descendant ou ascendant en latitude, les eaux ayant une température relative plus basse ou plus élevée, selon qu'elles sont dirigées vers l'équateur ou vers le pôle.

CHAPITRE VII.

DES OSCILLATIONS MÉRIDIENNES DIURNE ET SEMI - DIURNE , PRODUITES PAR LES FORCES PARTIELLES SOLAIRE ET LUNAIRE DEPENDANTES DU MOUVEMENT DE ROTATION DE LA TERRE ET DES TRADITIONS POPULAIRES QU'ELLES CONFIRMENT.

Au point de vue de la supputation de la durée des traversées évaluée en jours, ces oscillations sont parfaitement négligeables en ce que, au bout de 24 heures, leur effet final sur un navire en route est sensiblement le même que si elles n'eussent pas existé ; cependant, malgré leur faible intérêt nautique, elles méritent d'être signalées à l'attention des navigateurs.

1. — *De l'oscillation diurne solaire et lunaire.*

D'après l'expression analytique de l'action méridienne diurne solaire et lunaire (1), l'oscillation méridienne produite par cette force est nulle à la latitude de 45 degrés, ce qui explique la faiblesse des marées diurnes dans nos parages, et elle atteint sa valeur maxima à l'équateur et au pôle, ce qui explique la grandeur de la marée diurne à Sincapore, où son amplitude verticale est presque égale à celle de la marée semi-diurne.

L'oscillation méridienne diurne se fait en sens inverse des deux côtés du parallèle de 45 degrés de latitude.

Dans l'hémisphère Nord, pendant les déclinaisons Nord du

---

(1) $- \dfrac{3}{2} \cos.2l \left(\dfrac{L}{r^3} \sin{^2}v \cos. \alpha + \dfrac{L'}{r'^3} \sin.^2v' \cos. \alpha' \right)$ v et v' étant les déclinaisons des astres, α et α' leurs angles horaires. (Laplace, *Mecan. cél.*, t. II, p. 230.)

soleil, le mouvement méridien diurne produit par l'action solaire converge tant de l'équateur que du pôle, vers le parallèle de 45 degrés, de 6 heures du matin à 6 heures du soir, et atteint son maximum de vitesse à midi; de 6 heures du soir à 6 heures du matin, le mouvement est inverse et atteint son maximum de vitesse à minuit.

Dans le même hémisphère, pendant les déclinaisons Sud du soleil, le mouvement méridien diurne produit par l'action solaire est dirigé de 6 heures du matin à 6 heures du soir, du parallèle de 45 degrés latitude, tant vers l'équateur que vers le pôle, et atteint son maximum de vitesse à midi, tandis que le mouvement inverse convergeant vers le parallèle de 45 degrés, se produit de 6 heures du soir à 6 heures du matin, et atteint son maximum de vitesse à minuit.

L'intensité de ces oscillations augmente avec la déclinaison de l'astre; aux nouvelles lunes, les oscillations analogues produites par l'action lunaire se superposent et s'ajoutent à celles de même sens produites par l'action solaire; mais aux pleines lunes, les déclinaisons des astres étant de signe contraire, les oscillations coexistantes produites sont de signe contraire et se retranchent l'une de l'autre.

Tous ces faits devant également se produire pour l'air, il en résulte que la nouvelle lune a plus de force que la pleine lune pour changer le temps, conformément à l'opinion populaire et aux observations discutées par Toaldo. L'on conçoit, en effet, qu'un faible mouvement ascendant ou dirigé vers le Nord puisse déterminer la pluie lorsque l'air approche de son degré de saturation, et qu'un mouvement inverse descendant ou dirigé vers le Sud, augmente la capacité de l'air pour la vapeur et arrête sa précipitation.

D'après cela, s'il pleut, le changement en beau temps se ferait dans l'hémisphère Nord, aux nouvelles lunes boréales d'été, de midi à 6 heures du soir au-dessus de 45 degrés de latitude, et de minuit à 6 heures du matin au-dessous de 45 degrés de latitude;

et aux nouvelles lunes australes d'hiver, de minuit à 6 heures du matin au-dessus de 45 degrés de latitude, et de midi à 6 heures du soir au-dessous de cette latitude.

Au contraire, s'il fait beau, le changement en pluie se ferait aux nouvelles lunes d'été, de minuit à 6 heures du matin au-dessus de 45 degrés de latitude, et de midi à 6 heures du soir au-dessous de cette latitude; et aux nouvelles lunes d'hiver, de midi à 6 heures du soir au-dessus de 45 degrés de latitude, et de minuit à 6 heures du matin au-dessous.

Aux équinoxes, ces effets seraient nuls avec la déclinaison des astres.

2. — *De l'oscillation méridienne semi-diurne solaire et lunaire.*

D'après l'expression analytique de l'action méridienne semi-diurne solaire et lunaire fournie par Laplace (1), l'oscillation proportionnelle déterminée par cette force aurait son maximum à la latitude de 45 degrés, et serait nulle à l'équateur et au pôle, et de même sens depuis l'équateur jusqu'au pôle. Elle ne changerait pas de signe avec la déclinaison et diminuerait à mesure que la déclinaison de l'astre augmente.

Le mouvement produit par la force solaire serait dirigé vers l'équateur de 9 heures du matin à 3 heures du soir, et de 9 heures du soir à 3 heures du matin; il atteindrait sa plus grande vitesse à midi et à minuit.

Le mouvement inverse, dirigé vers le pôle, se produirait de 3 heures à 9 heures du matin et de 3 heures à 9 heures du soir, et aurait son maximum de vitesse à 6 heures du matin et du soir.

---

(1) $\frac{3}{2} \sin 2l \left(\frac{L}{r^3} \cos^2 v \cos 2\alpha + \frac{L'}{r'^3} \cos^2 v' \cos 2\alpha' \right)$. (*Mécanique céleste.* t. II, p. 230.

Ainsi, l'oscillation solaire occuperait sa limite nord à 9 heures du soir et 9 heures du matin, et sa limite sud à 3 heures du soir et 3 heures du matin.

L'action lunaire déterminant une oscillation analogue, le mouvement vers l'équateur se produirait depuis 3 heures avant jusqu'à 3 heures après le passage méridien tant supérieur qu'inférieur de l'astre.

Ce mouvement étant descendant augmente la capacité de l'air pour la vapeur ou sa force dissolvante; de là, cette tradition populaire si répandue et si connue des marins, que la lune mange les nuages.

Cet effet sera d'autant plus marqué que la déclinaison de l'astre sera plus faible, et il sera d'autant plus apparent que la lune sera plus proche de son plein; c'est donc à la pleine lune équinoxiale, c'est-à-dire au printemps et à l'automne, alors que les actions solaire et lunaire sont les plus fortes et s'ajoutent que l'effet en question sera le plus sensible. Or, si la lune mange les nuages, elle favorise le rayonnement nocturne, surtout au printemps et à l'automne; d'un autre côté, elle concourt alors aussi, comme nous l'avons vu, à l'accélération des circulations atmosphériques qui font prévaloir en Europe le vent de Sud-Ouest au printemps; de plus, l'humidité de ce vent rendant l'air plus transparent tant qu'il n'est pas saturé, favorise, avec le rayonnement nocturne, la production de la rosée et de la gelée blanche, qui sont les circonstances redoutées des cultivateurs, car ils ne craignent pas la gelée lorsque l'air est sec, c'est-à-dire par le vent de Nord-Est, quelle que basse que soit la température. La lune ne serait donc pas, comme les physiciens le supposent avec M. Arago, simple témoin, mais acteur dans le roussissement des jeunes pousses au printemps, et ce rôle actif justifierait complétement la dénomination de lune rousse que le sentiment populaire lui donne dans cette saison.

Le rôle actif de la lune dans la production du vent d'Ouest qui, en Europe, augmente l'humidité et la transparence de l'air, l'éclat des astres et le rayonnement nocturne, favorise la production de la rosée, hâte la putréfaction des substances animales et envenime les plaies ; ce rôle actif, disons-nous, justifie Pline et Plutarque, interprètes de l'opinion populaire qui attribue ces effets divers à la lumière de la lune ; de-même, les effets analogues produits dans l'Amérique espagnole avec une plus grande intensité encore, y sont également avec raison attribués à la lune, en ce que cet astre concourt à leur production, tant par l'oscillation méridienne diurne qu'il imprime à l'atmosphère, que par l'accélération de la circulation tropicale, dont le vent d'Est-Sud-Est arrive dans ces parages, chargé des vapeurs enlevées à la mer des Antilles.

L'on voit par là que les traditions populaires, réfutées par par M. Arago dans une de ses remarquables notices, ne sont pas aussi déraisonnables qu'on se l'imagine, et que la science météorologique a plus à gagner qu'à perdre en acceptant leur contrôle comme représentant le creuset d'épreuve de toute bonne théorie. L'on ne saurait en effet admettre que depuis l'origine du monde on se soit toujours trompé dans l'observation de faits palpables, et que tous les hommes de tous les siècles et de tous les pays se soient entendus pour accréditer et conserver religieusement des notions erronées et fausses. Car, si cela était, la vérité incarnée, Notre Seigneur Jésus-Christ, n'aurait pas reconnu comme vraies les notions tirées des apparences du temps et les présages fournis par le ciel et la terre, comme le témoigne l'évangile de saint Luc, chap. XII, v. 54.

Évidemment l'astrologie n'eût pas joué un si grand rôle dans l'antiquité chez tous les peuples de la terre depuis leur dispersion, si ce débris de la science primitive de l'humanité, quoique défiguré lors de la confusion des langues, n'eût pas renfermé un fond de vérité aux yeux des prêtres juifs, égyptiens, babiloniens, indiens, chinois, des mages et des sages de la Grèce.

Dieu n'eût pas révélé ce fond de vérité dans la Genèse en créant le soleil et la lune pour éclairer la terre et servir de signes pour marquer les temps et les saisons, les jours et les années. (Genèse, I, 14, 15 et 16.)

Par quoi il semble indiquer à la science météorologique où elle doit chercher les lumières capables d'éclairer sa marche et d'assurer ses progrès successifs, en lui montrant que les premières notions sur le régime des vents et sur leurs influences de toute nature seraient fournies par le luminaire qui préside au jour et les dernières par celui qui préside à la nuit.

Ainsi, la science actuelle ayant trouvé dans l'astre du jour la cause des périodicités annuelles et diurnes du régime des vents, aujourd'hui évidentes comme le jour, il n'est pas impossible ni indigne de la haute sagesse de Dieu que les notions ultérieures, encore obscures comme la nuit, soient mises en lumière par l'astre de la nuit, et que les périodicités lunaires mensuelles et semi-mensuelles, diurnes et semi-diurnes du régime des vents et de leurs influences soient destinées à constituer le bagage de la science météorologique à venir, conformément aux interprétations rigoureuses que les formules de Laplace nous ont jusqu'ici fournies, et celles nombreuses qu'elles vont nous fournir encore.

Alors les traditions populaires discréditées par le scepticisme de la science actuelle seront réhabilitées par une science plus complète, de même que la tradition biblique, naguère si vivement combattue par le scepticisme philosophique, se trouve aujourd'hui de plus en plus confirmée, à chaque découverte nouvelle ou à chaque progrès enfanté par les recherches les plus hostiles dans leur intention.

CHAPITRE VIII.

1. — Impuissance dynamique de l'action thermale sur la mer.

L'eau, à cause de sa faible conductibilité, échappe presque complétement à l'action des différences de température de l'air ; et lors même que ces différences de température se produiraient dans l'eau, elles n'y détermineraient aucune interversion de la distribution des densités sur une verticale, ni, par suite, aucun mouvement vertical ; d'un autre côté, la température ne pouvant changer le poids de l'eau dans chaque colonne verticale, les pressions y demeurent les mêmes, et s'il n'y a pas de différences de pression produites sur le fond par les différences de température, celles-ci ne pourront non plus y produire aucun mouvement dans le liquide inférieur.

D'un autre côté, nous pourrions ici démontrer par des chiffres l'insuffisance de la pente de la dénivellation à la surface et, par suite, l'impuissance de cette prétendue force thermale que l'on considère aujourd'hui comme le grand moteur des masses liquides et comme l'agent principal de la production des courants ; il nous suffira de dire que cette force est aussi disproportionnée aux effets qu'on lui attribue que les observations thermométriques sont peu aptes à faire connaître la direction des courants ou la provenance des eaux. En effet, leur température diminuant de la surface au fond aussi bien que de l'équateur au pôle, une diminution de température n'indique pas nécessairement un transport de l'eau vers l'équateur, car cette diminution peut résulter d'un mouvement ascendant dans une direction quelconque, et ce sont précisément les déplacements inverses dirigés vers les pôles qui engendrent ces mouvements ascendants.

Ainsi, en pratique comme en théorie, il n'y a aucun progrès à attendre de l'analogie que l'on suppose à tort exister entre les courants de la mer et les mouvements thermaux de l'atmosphère ; et s'il n'existait pas d'autre moyen de connaître la direction des courants que celui fourni par les différences anormales de la température de la mer, il faudrait renoncer à tout jamais à en connaître le régime et à en tirer quelque notion utile aux navigateurs.

DES VENTS THERMAUX.

1. — *Des brises de terre et de mer.*

Ces brises représentent les mouvements atmosphériques les plus prononcés que l'action thermale puisse produire.

Le jour, la terre s'échauffant davantage que l'eau, l'air inférieur se dilate et pénètre dans la couche supérieure ; de là deux mouvements inverses, l'un inférieur, dirigé de la mer vers la terre, et l'autre supérieur, dirigé de la terre vers la mer.

La nuit, la terre se refroidissant plus que la mer, la contraction de l'air augmente sa densité en abaissant sa hauteur. La tendance à l'équilibre ou à une densité uniforme pousse l'air inférieur vers la mer, et l'air supérieur reflue de la mer vers la terre pour remplir le vide laissé par le courant inverse inférieur.

Ces vents inverses alternatifs coexistants avec le mouvement général de circulation qui est parallèle aux rives du bassin, les directions résultantes, au lieu d'être perpendiculaires à la côte, font avec elle un angle aigu, et ces vents soufflent de biais, comme dit Dampier (1).

-----

(1) *Traité des vents,* p. 230.

Tel est en effet, d'après l'observation, le régime des brises de terre et de mer, et il devient ainsi facile de déterminer leur direction en tenant compte de celle de la circulation générale, avec laquelle les vents alternatifs perpendiculaires se combinent.

CHAPITRE IX.

DES VENTS THERMAUX IRRÉGULIERS, ET DES OSCILLATIONS IRRÉ-
GULIÈRES DU BAROMÈTRE ET DE L'HYGROMÈTRE.

1. — *Production des vents irréguliers.*

Ces vents sont produits, comme les brises de terre et de mer,
par des différences de température, à cela près que ces différences de température sont accidentelles ou irrégulières au lieu
d'être soumises à la périodicité diurne. Le mode de leur production est le même, l'air inférieur se portant toujours de la région
froide vers celle chaude, et l'air supérieur de la région chaude
vers la région froide.

Les températures moyennes étant proportionnelles au carré du
sinus de la latitude (1), les différences de température sont proportionnelles au sinus du double de la latitude et ont leur maximum à la latitude de 45°.

C'est donc à cette latitude que les vents méridiens produits par
les différences de température sur un même méridien seront les
plus forts et les plus fréquents.

---

(1) Les températures moyennes aux diverses latitudes sont déterminées par l'action calorifique du soleil situé à l'équateur.

Cette action à midi est en raison directe du sinus de l'angle d'incidence des
rayons solaires et en raison inverse de l'épaisseur de la couche atmosphérique
traversée par ces rayons.

Or le sinus de l'angle d'incidence est égal au cosinus de la latitude et l'épaisseur traversée est représentée par la hauteur de l'atmosphère divisée par le cosinus de la latitude ; d'où il résulte que le cosinus de la latitude entre au carré
dans l'expression analytique de la température moyenne.

2. — *Amplitude des oscillations barométriques.*

Nous avons vu que tout vent méridien ne représente que
la composante horizontale d'un mouvement parallèle à l'axe de la
terre, car, si cela n'était pas, ce vent serait dévié et sortirait du
méridien.

Mais si la composante horizontale du mouvement parallèle à
l'axe de la terre est proportionnelle à *sin.2l* ou au sinus du double
de la latitude, la composante verticale de ce mouvement proportionnelle à *tang l* devient un multiple du carré du sinus de la latitude. Et comme cette dernière composante s'ajoute ou se retranche
de la pesanteur selon qu'elle est descendante ou ascendante, et
détermine une variation barométrique, il en résulte que l'amplitude
des oscillations barométriques produites par les vents méridiens
thermaux ou irréguliers croît de l'équateur au pôle, comme le
carré du sinus de la latitude.

Les vents autres que les vents méridiens n'agissant sur le baromètre que par leur composante méridienne, il en résulte que
les vents méridens produisent l'amplitude maxima de l'oscillation
barométrique.

Or, les amplitudes maxima observées satisfont, en effet, à la
loi du carré du sinus de la latitude. Ainsi, connaissant l'amplitude
maxima relative à une latitude, on peut en déduire immédiatement l'amplitude maxima de l'oscillation barométrique à toutes
les autres latitudes. La figure ci-dessous fournit ces amplitudes
calculées conformes à celles observées (1).

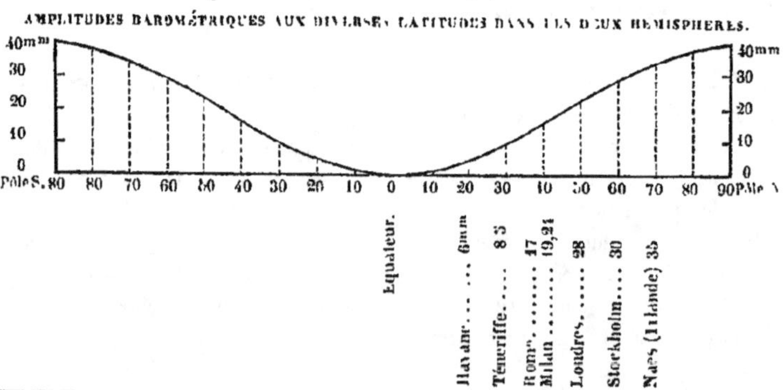

(1) Voir, pour les observations, Kaemtz, p. 297.

S'il n'existait d'autre force que l'action des différences de température, les mouvements produits sur mer ne seraient que des brises plus faibles que les brises de terre et de mer; mais comme l'attraction exercée par les astres détermine des oscillations méridiennes annuelles, mensuelles et semi-diurnes, qui sont aussi des multiples du sinus du double de la latitude et ont leur plus grande amplitude par 45° de latitude, il arrive que ces oscillations régulières peuvent être entravées accidentellement par l'action thermale, et comme tout retard dans un mouvement inamissible doit être racheté par une accélération, l'on conçoit que la force thermale, faible par elle-même, mais devenue une cause de perturbation dans un mouvement régulier, peut devenir la cause déterminante de vitesses méridiennes assez considérables. Or, ces vitesses seront proportionnelles au sinus du double de la latitude, comme les forces méridiennes qui les produisent; et comme ces vitesses ne représentent que la composante horizontale d'un mouvement parallèle à l'axe, la composante verticale de ce mouvement devient proportionnelle au carré du sinus de la latitude, comme aussi la variation barométrique qu'elle détermine selon la latitude.

3. -- *L'amplitude des oscillations barométriques est plus forte sur mer que sur terre.*

L'air circulant plus facilement sur mer que sur terre, les vents inférieurs sont plus forts sur mer; or, le coefficient de la vitesse du vent se trouve dans sa composante ascendante ou descendante, et influe par suite sur la variation barométrique produite; dès lors cette variation doit être plus forte sur mer que sur terre.

4. — *L'amplitude des oscillations barométriques est plus forte en hiver qu'en été.*

L'air étant plus dense en hiver qu'en été, les vitesses verticales inhérentes aux mouvements méridiens de la couche inférieure se rapportent à une masse plus grande et agissent plus vivement sur la cuvette du baromètre, en faisant varier le poids d'une partie plus notable de la colonne atmosphérique.

Les amplitudes des variations hygrométriques aux diverses latitudes sont proportionnelles à sin.²l comme les amplitudes barométriques.

L'humidité de l'air augmente à mesure qu'il approche de sa saturation.

Le 0 des hygromètres répond à l'air sec, la division 100° de l'hygromètre répond à l'air saturé dont la quantité de vapeur diminue avec la température de l'équateur au pôle et de bas en haut en s'élevant dans l'atmosphère, mais l'humidité apparente est la même pour le même degré de l'hygromètre à toute latitude et à toute hauteur parce que cette humidité résulte du rapport entre la quantité de vapeur existante dans l'air et celle qu'il contiendrait s'il était saturé. Or un rapport ne change pas de valeur si ses deux termes varient proportionnellement ; en un même lieu l'humidité augmente si la température diminue parce que le dénominateur de l'humidité diminue, l'air saturé à une température plus basse renfermant moins de vapeur. Au contraire l'humidité diminue si la température augmente parce que le dénominateur augmente. Ainsi l'air qui s'élève ou qui se dirige vers le pôle augmente en humidité, parce qu'il se refroidit, et l'air qui s'abaisse ou se dirige vers l'équateur, se déssèche ou diminue en humidité, parce que la température augmente.

La dernière de ces deux causes de variation hygrométrique est exprimée par la composante verticale $u = v \, tang \, l$ du vent méridien v, considéré comme la composante horizontale d'un mouvement parallèle à l'axe de la terre. Or, si ce mouvement est produit par la différence des températures, qui décroissent de l'équateur au pôle avec cos.²l, v est proportionnel à sin.2l, et par suite u devient un multiple de sin.²l.

Ainsi les amplitudes des variations hygrométriques produites

par les vents sont proportionnelles à sin.$^2 l$ et croissent de l'é-
quateur au pôle comme les amplitudes barométriques.

Mais il y a des variations produites par les vitesses ascendantes de l'air dues à l'action calorifique du soleil pendant le
calme ; ces dernières variations sont comme les températures
proportionnelles à cos.$^2 (l — v)$ et leur amplitude diminuant à mesure qu'on s'éloigne de la latitude v occupée par le soleil, c'est
au maximum thermal que se produisent les plus fortes vitesses
ascendantes dues à cette cause et les pluies torrentielles qui en
résultent expriment le maximum hygrométrique.

Les variations hygrométriques inhérentes aux orages sont également produites par les vitesses ascendantes engendrées par
l'action calorifique du soleil pendant le calme de l'air.

5. — *Rose barométrique et hygrométrique des vents.*

Chaque vent détermine une variation barométrique par sa
composante méridienne ; il suffit de connaître à une latitude
donnée la variation barométrique que produit le vent méridien
du Nord ou du Sud pour en conclure immédiatement la variation
que produirait un vent de même force de toute autre direction,
en déterminant la composante méridienne de ce vent; de là un
moyen facile de tracer une rose barométrique des vents faibles ;
l'on décrira un cercle avec un rayon proportionnel à la variation
barométrique produite par le vent du Nord, et après avoir marqué sur ce cercle les rayons correspondants aux divers rumbs de
vent, on mènera par les divisions du cercle des parallèles au
diamètre Nord et Sud. Les longueurs de ces parallèles comptées
à partir du diamètre Est et Ouest représenteront les variations
barométriques produites par les vents correspondants aux rumbs
respectifs. Ces variations seront positives pour tous les vents ayant
une composante Nord et négatives pour ceux ayant une composante
Sud. La figure suivante se rapporte à la construction indiquée
ci-dessus.

ROSE BAROMÉTRIQUE DES VENTS.
Pressions augmentées·

Hauteur moyenne   du baromètre.

Pressions diminuées.

Pour une même quantité de vapeurs en dissolution dans
l'air, l'humidité relative augmentant si la température baisse et
diminuant si la température augmente, et les vitesses ascendantes de l'air le faisant pénétrer dans des couches plus froides,
tandis que les vitesses descendantes le font pénétrer dans des
couches plus chaudes, il en résulte que l'humidité relative des
divers vents est proportionnelle à leur composante méridienne.
Ces composantes méridiennes étant représentées par les longueurs
des parallèles au diamètre Nord et Sud de la rose menées par les
divisions du cercle des rumbs de vent, et comptées à partir du
diamètre Est et Ouest, les longueurs comptées au-dessus de ce
diamètre se rapporteront aux vents ayant une composante Sud, et
marqueront le degré d'humidité relative de ces vents ascendants,
et les longueurs comptées au-dessus de ce diamètre se rapporteront
aux vents ayant une composante Nord et marqueront les degrés
de sécheresse relative de ces vents descendants.

ROSE HYGROMÉTRIQUE DES VENTS.
Humidité augmentée.

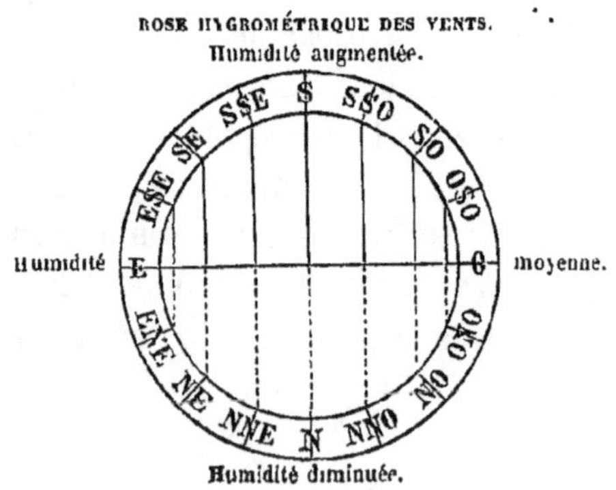

Dans les oscillations méridiennes de grande amplitude, le vent
de Sud dévié vers l'Est devient Sud-Ouest et fait répondre le minimum barométrique au vent de Sud-Ouest, et le vent de Nord
dévié vers l'Ouest devient Nord-Est, et fait répondre le maximum de pression au vent de Nord-Est.

En appliquant à ce maximum la construction indiquée ci-
avant, on obtient la rose barométrique suivante :

Le transport alternatif de l'air vers le pôle et vers l'équateur
détermine un tour entier sur le compas des vents perçus, et ces
vents tournent sur le compas dans le sens des aiguilles d'une
montre dans l'hémisphère Nord, et en sens inverse dans l'hémisphère Sud. Cette loi, qui se trouve en effet confirmée par
les observations discutées par Dove, règle la succession des influences barométriques des vents résumées dans les deux figures
ci-dessous.

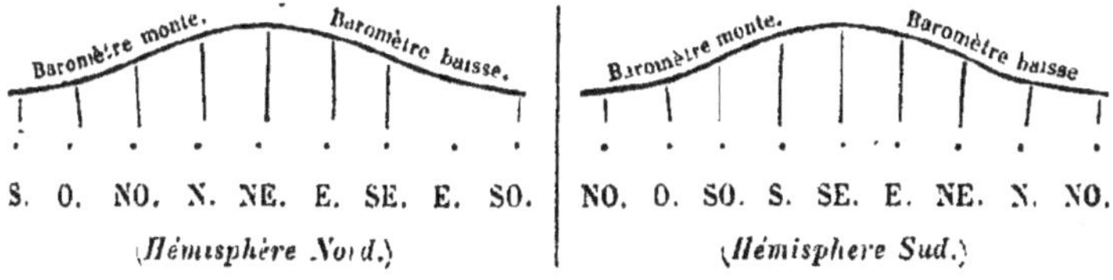

6. — *Le baromètre met plus de temps à descendre qu'à monter,* parce que le vent qui le fait baisser est ascendant et allonge son chemin, tandis que celui qui le fait monter est descendant et raccourcit son chemin pour aller d'une latitude à l'autre.

7. — *La baisse du baromètre précède l'apparition du vent de Sud-Ouest dans l'hémisphère Nord et du vent de Nord-Ouest dans l'hémisphère Sud,* parce que ces vents étant ascendants arrivent à une latitude donnée dans les régions supérieures avant de mettre en mouvement l'air inférieur. Par leur vitesse ascendante ils diminuent le poids des couches supérieures sur celle inférieure et par suite la pression barométrique.

8. — *La vitesse ascendante de ces vents explique la formation des nuages élevés ou cirrus,* dont la présence coïncide avec la baisse du baromètre et précède comme elle l'établissement prochain du vent dans la couche inférieure. Cette coïncidence a fait supposer, à tort, que les nuages faisaient baisser le baromètre.

9. — *De l'influence barométrique attribuée à la pluie, aux nuages, au brouillard.*

Ces météores étant produits par les vitesses ascendantes de l'air, qui se retranchent de la pesanteur et affaiblissent la pression barométrique inférieure, il en résulte que la baisse du baromètre pendant la pluie, ou par un ciel nuageux, ou par le brouillard, n'est pas due à la précipitation de la vapeur, mais aux vitesses ascendantes de l'air qui déterminent cette précipitation.

Si la pluie devait faire baisser le baromètre, on observerait une grande baisse entre les tropiques pendant les pluies torrentielles de l'hivernage, tandis que les indications du baromètre n'y diffèrent pas de celle de la saison sèche.

10. — *Conclusion.*

D'après ce qui précède les variations barométriques et hygrométriques de l'air sont des effets d'une même cause, loin d'être causes les unes des autres, de plus ces variations sont étrangères à la production du vent, et sont au contraire produites par lui, et c'est en ce sens seulement, comme causes productrices du vent, que les différences de température se trouvent reliées aux variations barométriques. En effet, non-seulement toutes les particularités des variations barométriques irrégulières observées s'expliquent parfaitement par le déplacement parallèle à l'axe de la terre des vents méridiens ou de leur composante méridienne, mais cette explication demeurerait la même, quand même le soleil occuperait constamment le pôle et que la zone torride serait changée en zone glaciale ; seulement alors les variations thermométriques produites par les divers vents seraient inverses de ce qu'elles sont, puisque l'air chaud viendrait du pôle et l'air froid de l'équateur. Dans cette hypothèse les rapports actuels. entre les variations barométriques et thermométriques seraient intervertis, et la marche des deux instruments, au lieu d'être inverse, serait parallèle ou de même sens. Si donc leur marche inverse actuelle n'est pas forcée dans tous les cas, l'explication des variations barométriques par celles thermométriques inverses doit être reconnue comme insuffisante, et il devient inutile d'admettre que le vent chaud surélève la limite de l'atmosphère et amène la dépression barométrique par la tendance de cette limite à se niveler d'elle même (1).

Cette hypothèse, pleine de difficultés, admise par les météorologues malgré l'absence de toute notion positive sur ce qui se passe aux limites de l'atmosphère, nous paraît devoir être rangée avec celle de l'égalité de la pression moyenne à toutes les latitudes, si longtemps admise en théorie.

---

(1) Kaemtz, *Manuel de météor.*, p. 265.

En résumé, les variations thermométriques, en tant qu'elles sont liées aux variations barométriques, ne sont pas la cause déterminante de ces dernières, mais les unes et les autres sont produites par les mouvements atmosphériques.

Du reste, l'explication des variations barométriques par celles inverses thermométriques se trouve démentie par la loi de distribution des pressions moyennes, qui n'est pas inverse de celle des températures aux diverses latitudes; de même à mesure que l'on s'élève dans l'atmosphère le baromètre et le thermomètre baissent, et leur marche est parallèle au lieu d'être inverse.

CHAPITRE X.

Variation diurne magnétique.

L'aiguille aimantée s'écarte du méridien magnétique, tantôt par des mouvements brusques, tantôt par des oscillations périodiques semi diurnes. Ces dernières oscillations sont inverses dans les deux hémisphères. Dans l'hémisphère Nord, le maximum d'écart vers l'Ouest est perçu à 3 heures du soir et à 3 heures du matin, et le maximum d'écart vers l'Est répond à 9 heures du matin et à 0 heures du soir. Dans l'émisphère Sud, le maximum Ouest est perçu à 9 heures et celui Est à 3 heures. L'amplitude maxima est comprise entre 9 heures du matin et 3 heures du soir, et est d'environ 15 minutes en été et de 10 minutes en hiver.

L'action calorifique du soleil aux diverses latitudes d'un même méridien étant proportionnelle à cos. ^2l cos. $2\,\alpha$, l étant la latitude et α l'angle horaire de l'astre, le mouvement méridien produit par les différences de température sera proportionnel à sin. $2\,l$ cos. $2\,\alpha$, comme le mouvement méridien semi diurne produit par l'attraction de l'astre. Ces deux mouvements coexistants étant synchrones et de même sens s'ajoutent et donnent à l'action solaire une prépondérance marquée sur l'action lunaire, surtout en ce qui concerne le fluide électrique que la chaleur solaire développe.

Or, si, comme l'a reconnu Ampère, le magnétisme terrestre est produit par un courant électro-magnétique dirigé de l'Est vers l'Ouest et enveloppant toute la terre, ce courant Ouest doit nécessairement être modifié dans sa direction par les courants méridiens dont nous venons de parler, et si l'aiguille aimantée doit toujours être perpendiculaire à la direction résultante, elle sera déviée à l'Ouest du méridien magnétique, si le courant terrestre Ouest prend une composante Sud, et vers l'Est, s'il prend une composante Nord. Or, le courant méridien semi diurne est dirigé vers l'équateur de 9 heures du matin à 3 heures. Ce courant étant Sud dans l'hémisphère Nord déviera l'aiguille vers l'Ouest, et le maximum de déviation vers l'Ouest se rapportera à 3 heures.

Dans l'hémisphère Sud, le courant dirigé vers l'équateur étant Nord doit dévier l'aiguille vers l'Est; le maximum de déviation vers l'Est s'y rapportera à 3 heures. Au contraire, de 3 heures à 9 heures, le courant méridien est dirigé vers le pôle et donne au courant Ouest terrestre une composante Nord dans l'hémisphère Nord et une composante Sud dans l'hémisphère Sud. La composante Nord déviant l'aiguille vers l'Est, le maximum de déviation Est dans l'hémisphère Nord sera perçu à 9 heures, et la composante Sud déviant l'aiguille vers l'Ouest, le maximum de déviation Ouest dans l'hémisphère Sud se rapportera aussi à 9 heures. Or, tous ces faits sont conformes à l'observation.

L'oscillation méridienne semi diurne étant un multiple de sin. $2\,l$, en ce qui concerne l'attraction, et de *sin.* $2\,(l—v)$, en ce qui concerne les différences de température, selon la déclinaison v de l'astre, on voit que l'amplitude de la variation magnétique diurne décroît aux équinoxes de la latitude de $45°$ à l'équateur, où elle est nulle, et que le point où l'amplitude est nulle se déplace avec la déclinaison de l'astre, en sorte qu'il n'existe pas de point où elle est constamment nulle, conformément aux inductions de M. de Tessan sur les observations faites dans le voyage de la *Vénus*.

L'amplitude de la variation diurne dans nos contrées est moindre en hiver qu'en été, parce que les différences de température, représentées par *sin.* $2\,(l—v)$, sont moindres; en effet, en hiver, leur maximum se rapporte à $2\,(l+v) = 90°$, qui donne $l = 45° — v$.

Et en été, $2\,(l—v) = 90°$ donne $l = 45° + v$.

D'où l'on voit que les latitudes au-dessus de $45°$ sont plus rapprochées de celle du maximum de l'oscillation méridienne semi diurne en été qu'en hiver, et c'est le contraire qui arrive aux latitudes inférieures à 45°.

Du reste, la faiblesse de l'amplitude de la variation magnétique est parfaitement en harmonie de grandeur avec la force à laquelle nous l'attribuons; car cette force est à celle du courant électro-magnétique terrestre comme 15′ : 90°. Si donc le courant terrestre fait 360 degrés en 24 heures ou 90 degrés en 6 heures, le courant méridien ne fera que 15 milles en 6 heures, ou un peu plus de 2 milles à l'heure, vitesse parfaitement proportionnée aux mouvements réguliers résultant des différences de température.

Dans les latitudes élevées, l'aiguille aimantée est beaucoup plus agitée, et une multitude d'oscillations irrégulières s'y produisent d'autant plus facilement que l'intensité magnétique horizontale y est très-faible ; aussi les oscillations diurnes sont-elles très-difficiles à démêler, et l'on ne saurait être assuré de leur amplitude, qui peut se trouver augmentée par des mouvements irréguliers. Ainsi, bien que l'on admette que l'amplitude de la variation magnétique diurne croisse de l'équateur au pôle, les observations existantes n'infirment en rien la loi de la proportionnalité des amplitudes à *sin.* 2 $(l—v)$ conclue de nos vues théoriques.

Variations annuelle et mensuelle de la déclinaison magnétique.

Ces vues fournissent également l'explication de l'oscillation annuelle découverte par Cassini et confirmée par Gilpin et Beaufoy, en Angleterre, et par Bowditch, aux États-Unis. D'après ces observations, l'aiguille aimantée se dévie à l'Est du méridien magnétique pendant les déclinaisons Nord, et à l'Ouest pendant les déc inaisons Sud du soleil ; or, l'oscillation annuelle de l'atmosphère dirigée vers le Nord pendant les déclinaisons Nord ajoute une composante Nord au courant électro-magnétique Ouest de la terre. L'aiguille aimantée se plaçant perpendiculairement à la direction résultante du courant, l'extrémité dirigée vers le Nord se trouvera déviée vers l'Est. Au contraire, pendant les déclinaisons Sud l'oscillation annuelle de l'atmosphère étant dirigée vers le Sud ajoute une composante Sud au courant Ouest magnétique terrestre et dévie l'aiguille aimantée vers l'Ouest. L'amplitude de cette oscillation annuelle est d'environ 11 minutes dans nos contrées et se combine avec l'oscillation séculaire de la déclinaison magnétique, qui est d'environ 1 degré en 5 ans, dans sa plus grande vitesse, ou de 12 minutes par an.

La variation résultante est tantôt représentée par la somme de ces mouvements, tantôt par leur différence ; pendant l'oscillation séculaire vers l'Ouest, la variation Ouest produite par les déclinaisons Sud est additive et celle vers l'Est produite par les déclinaisons Nord est soustractive ; au contraire, pendant l'oscillation séculaire vers l'Est, la variation additive est celle Est produite par les déclinaisons Nord du soleil, et celle soustractive est celle Ouest produite par les déclinaisons Sud de l'astre. Ces vues rendent parfaitement raison des inégalités de vitesse ou des ralentissements et des accélérations observés dans le mouvement séculaire. Tous ces faits, encore inexpliqués, découlant naturellement des mouvements atmosphériques tant diurnes qu'annuels produits par le soleil, nous pouvons en inférer que les mouvements atmosphériques diurnes et mensuels produits par la lune déterminent également des variations diurnes et mensuelles dans la déclinaison de l'aiguille aimantée.

A cet égard, si, pendant le jour, l'action solaire est prédominante en raison des mouvements thermaux qui s'ajoutent à ceux de même sens dus à l'attraction de l'astre, pendant la nuit l'action lunaire reprend ses droits, puisque l'action thermale du soleil n'existe pas. Ce sont donc les observations de nuit qui seront les plus propres à faire ressortir l'influence lunaire sur les indications de l'aiguille aimantée, et l'on entrevoit que ce doit être cette influence qui détermine les écarts considérables et variables observés dans les heures normales correspondantes de l'oscillation semi diurne, et qui font retarder la limite de 9 heures du soir jusqu'à 10 ou 11 heures, et quelquefois jusqu'à minuit.

. Quant aux oscillations mensuelles, elles ressortiraient de la comparaison, non des amplitudes totales des oscillations nocturnes de l'aiguille aimantée, mais des écarts de même sens, ceux vers l'Est devant être augmentés dans l'hémisphère Nord par les déclinaisons Nord de la lune et diminués par les déclinaisons Sud, et les écarts vers l'Ouest devant, au contraire, être diminués par les déclinaisons Sud et augmentés par les déclinaisons Nord de l'astre. Quelques mois d'observations de nuit suffiraient pour constater l'action mensuelle de la lune.

Variations irrégulières de la déclinaison magnétique.

Kaemtz a reconnu que les variations irrégulières de la déclinaison magnétique sont produites par le vent, et que la déclinaison dépend, comme la hauteur du baromètre, de la direction du vent et de la température. (*Cours de météorologie*, p. 451.)

Or, d'après l'explication plausible que nous venons de donner des variations diurnes et annuelles, nous pouvons affirmer que l'influence des vents sur la déclinaison magnétique est produite par leur composante méridienne, et qu'à égale intensité, ce sont les vents de Nord et de Sud qui produisent les plus fortes variations de la déclinaison, le vent de Nord déviant l'aiguille vers l'Ouest et le vent de Sud vers l'Est, qu'enfin la déviation produite doit être plus forte le jour que la nuit.

Connaissant la déviation produite par le vent de Nord, on peut en inférer immédiatement celle des vents de même intensité de toute autre direction ; les déviations seront proportionnel'es comme les composantes méridiennes de ces vents aux perpendiculaires abaissées de la rose magnétique sur la ligne Est et Ouest.

Dans l'hémisphère Nord, on placera l'extrémité Est de cette ligne sur le côté Nord du méridien magnétique. Alors les perpendicaires du côté de l'Ouest se rapporteront aux vents ayant une composante Nord et produisant une déviation vers l'Ouest sur l'aiguille aimantée, et les perpendiculaires du côté de l'Est se rapporteront aux vents ayant une composante Sud et produisant une déviation vers l'Est, proportionnelle à leur perpendiculaire respective.

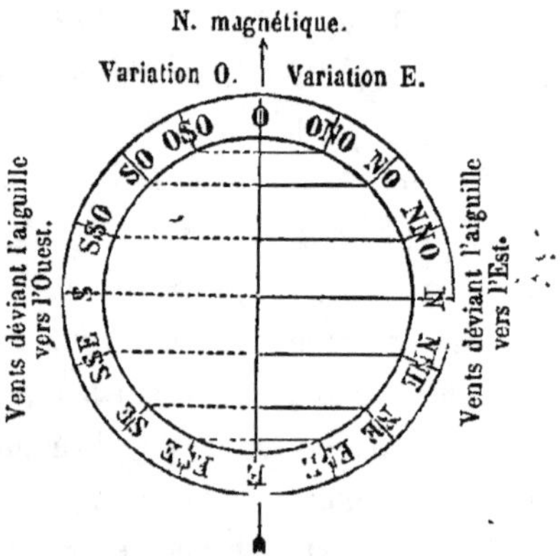

Dans l'hémisphère Sud, on dirigera le rumb Est vers le pôle Sud magnétique ; alors les déviations de l'aiguille aimantée vers l'Ouest, produites par les vents ayant une composante Sud, seront proportionnelles aux distances Ouest de leurs rumbs au méridien magnétique, et les déviations vers l'Est, produites par les vents ayant une composante Nord, seront proportionnelles aux distances Est de leurs rumbs au même méridien.

D'après ce qui précède, les observations de la déclinaison magnétique ne sont comparables qu'autant que l'on connaît l'année, le mois, le jour et l'heure de l'observation et la direction du vent perçu.

CHAPITRE XI.

DE L'OSCILLATION BAROMÉTRIQUE SEMI DIURNE.

———

En admettant que l'adhérence moléculaire détruit rapidement toute vitesse acquise dans les fluides, le mouvement imprimé par une force variable devient proportionnel à cette force, quelle que soit sa direction. Ainsi, les composantes parallèles au rayon terrestre des forces solaire et lunaire impriment aux particules atmosphériques des vitesses verticales proportionnelles à ces composantes ; or, l'expression analytique de ces composantes renferme un terme dépendant du mouvement de rotation de la terre et soumis à une périodicité semi diurne pour chacun des astres (V. *Mécan. cél.*, t. II, p. 230), qui tantôt s'ajoute à la pesanteur, tantôt s'en retranche.

La vitesse verticale produite par la force partielle solaire serait

$$u = \frac{3}{2}\, n\, \frac{L}{r^3}\, cos^2 v\; cos^2 l\; cos\; 2\alpha.$$

v étant la déclinaison de l'astre, α son angle horaire à l'instant de son action et l la latitude du lieu.

Les valeurs positives de u représentent des vitesses ascendantes qui font baisser le baromètre en affaiblissant la pesanteur et les valeurs négatives représentent des vitesses descendantes qui font monter le baromètre en s'ajoutant à l'action de la pesanteur.

Les vitesses étant ascendantes de $\alpha = -45°$ à $\alpha = +45°$ ou de 9 heures du matin à 3 heures du soir, et de $\alpha = 135°$ à $\alpha = 225°$ ou de 9 heures du soir à 3 heures du matin.

Le minimum barométrique répondra à la fin des vitesses ascendantes, ou à 3 heures du soir et du matin.

De même, les vitesses verticales étant descendantes de $\alpha = 45°$ à $\alpha = 45° + 90$ ou de 3 heures à 9 heures du soir, et de 3 heures à 9 heures du matin, le maximum barométrique répondra à la fin des vitesses descendantes à 9 heures du matin et 9 heures du soir.

D'un autre côté, l'action calorifique du soleil sur l'équateur est proportionnelle à $cos^2\ \alpha$, de même qu'elle est proportionnelle à $cos^2\ l$ sur le méridien, ainsi que nous l'avons démontré.

Or, $cos^2\ \alpha = \dfrac{1}{2}\,(1 + cos\ 2\ \alpha)$.

Ainsi, bien que l'action calorifique du soleil ne se produise que le jour, ses variations sont soumises à une périodicité semi diurne synchrone avec celle qui régit les variations de l'attraction de l'astre.

Or, pendant la présence du soleil sur l'horizon, la couche inférieure de l'air se dilate, pendant les valeurs positives de $cos\ 2\ \alpha$, augmente en hauteur et détermine une augmentation de pression dans la couche supérieure qui en rompt l'équilibre et pousse l'air de la plus forte pression vers la moindre ; la pression inférieure diminuant par là dans la couche dilatée, il en résulte que la dilatation produite par l'action calorifique du soleil fait baisser le baromètre dans la couche inférieure, et doit y déterminer un minimum de pression à la fin des valeurs positives de $cos\ 2\ \alpha$ ou à 3 heures du soir.

Au contraire, les valeurs négatives de $cos\ 2\ \alpha$ abaissent la température et la hauteur de la couche atmosphérique inférieure et y font refluer l'air latéral de la couche supérieure ; de là, une augmentation progressive de pression jusqu'à la fin des valeurs négatives de $cos\ 2\ \alpha$ qui établissent le maximum de pression à 9 heures du matin et 9 heures du soir.

D'où l'on voit que l'influence barométrique de l'action calorifique du soleil est synchrone, de même période et de même

sens que l'influence barométrique de la force attractive de l'astre. L'action calorifique s'ajoute donc à cette dernière force et
concourt à augmenter et à faciliter le mouvement oscillatoire
semi diurne de l'air pendant le jour, et ce mouvement se per-
pétue la nuit sous l'influence de l'attraction solaire et de l'élasticité de l'air. Maintenant, si l'on tient compte des vitesses acqui-
ses, qui ne s'éteignent qu'après $2n$ secondes, l'on reconnaîtra que
le mouvement ascendant de l'air ne s'arrête pas à 3 heures et
peut se continuer jusqu'à 4 heures, heure moyenne du minimum
barométrique ; de même, le mouvement descendant de l'air, au
lieu de s'arrêter à 9 heures, se continue jusqu'à 10, heure
moyenne du maximum barométrique diurne.

L'amplitude de l'oscillation barométrique semi diurne décroît
de l'équateur au pôle avec $cos\,{}^2 l$, comme les températures moyennes, et peut être représentée par la courbe des températures
moyennes de la page 130 ; en mer, elle est représentée à chaque
latitude par un nombre de millimètres égal au dixième du nombre
de degrés centigrades de la température moyenne de l'air.

Latitudes.	0°	10°	20°	30°	40°	50°	60°	70°	80°	90°
Amplitudes semi-diurnes.	2,46	2,38	2,17	1,84	1,44	1,01	0,61	0,28	0,07	0

Ces amplitudes sont conformes à celles observées (V. Kaemtz,
Météorol., p. 260).

Au-dessus de 30 degrés de latitude, les oscillations irrégulières
du baromètre rendent très-difficiles l'observation de la variation semi diurne qui n'excède guère 1 millimètre. Pour l'obtenir, on est obligé de prendre des moyennes horaires d'un
grand nombre de jours, mais, par cela même, l'influence lunaire
s'y trouve annulée ; aussi, à partir de 40 degrés de latitude,
les amplitudes conclues de cette manière, des observations sont
trop faibles de 0^{mm} 4, par rapport à celles calculées rapportées
ci-dessus. Or, ces quatre dixièmes de millimètre représentent
sensiblement l'action lunaire ; car, d'après Laplace, l'amplitude

de l'oscillation barométrique produite aux syzygies par la somme des attractions du soleil et de la lune serait de $0^{mm}6$. D'un autre côté, l'action virtuelle de l'attraction solaire n'étant que le tiers de celle luni-solaire représentée par $0^{mm}6$ aux syzygies, l'action solaire entre dans ce chiffre pour $0^{mm}2$, et celle lunaire pour $0^{mm}4$.

Or, $0^{mm}4$ sont le sixième de l'amplitude semi diurne à l'équateur ; donc, les $\frac{5}{6}$ de cette amplitude sont produits par le soleil. Donc, la marée résultante doit s'écarter de la marée solaire de $\frac{1}{6}$ de la distance de cette dernière à la marée lunaire. Or, le plus grand intervalle qui puisse séparer les maxima de deux marées semi diurnes lunaire et solaire, est de 6 heures ; donc, aux quadratures, la marée lunaire peut écarter la marée résultante de 1 heure de sa position horaire des syzygies, et faire percevoir le minimum barométrique à 5 heures au lieu de 4 heures.

Tels sont, en effet, les écarts maxima observés en mer pendant les voyages de la *Bonite*, de la *Vénus* et de l'*Astralabe*. Mais, si en mer, les heures des maxima et minima barométriques diurnes subissent des écarts dont nous venons d'évaluer la grandeur, à terre, au contraire, ces heures ont une fixité presque invariable, constatée par M. de Humboldt dans les basses latitudes. Cette fixité provient d'abord de ce que la terre s'échauffe beaucoup plus que la mer sous l'action calorifique des rayons solaires, et, en second lieu, de ce que l'action lunaire s'exerce sur une masse d'air moindre sur terre que sur mer. Ainsi, l'effet lunaire est affaibli, tandis que celui de la chaleur solaire est augmenté ; de là, la faiblesse des écarts des marées résultantes de l'heure normale de la marée solaire.

Le rôle prédominant de l'action calorifique du soleil dans la production de l'oscillation barométrique semi diurne, concurremment avec les forces attractives solaire et lunaire plus faibles, explique pourquoi l'amplitude de l'oscillation barométrique semi dirne est :

Moindre la nuit que le jour ;

Moindre en hiver qu'en été (1) ;

Moindre en mer que sur terre ;

Moindre sur les plateaux élevés qu'au niveau de la mer.

Au haut des pentes roides des montagnes la variation est inverse de celle existant dans la plaine située à leur pied.

Ce fait, observé par Daniell, sur le mont Saint-Bernard; par Eschmann, sur le Rigi ; par Kaemtz, sur le Faulhorn, résulte de ce que l'augmentation de hauteur de la couche dilatée inférieure en fait pénétrer l'air dans la couche supérieure et en augmente la pression; au contraire, quand la couche inférieure se contracte par le froid, elle fait appel à l'air de la couche supérieure et en diminue la pression; de là le régime inverse des pressions barométriques au pied et au sommet des pentes roides des montagnes.

Sur un plateau étendu, quelle que soit d'ailleurs son élévation, ce régime inverse ne se produit pas, parce que l'air reposant sur ce plateau n'est pas en communication verticale avec l'air inférieur éloigné baignant le pied de ce plateau. Aussi, d'après M. de Humbolt (2), sur les grands plateaux du centre Amérique, à Popayan, à Mexico, à Quito, à Antisona, la variation barométrique diurne est exactement synchrone avec celle existant au niveau de la mer, mais l'amplitude de la variation y est d'autant moindre que le plateau est plus élevé.

---

(1) Quand le soleil occupe une déclinaison v, l'action calorifique aux diverses latitudes est proportionnelle à $\cos^2 (l - v)$ de même aussi l'amplitude de la variation barométrique diurne.

Or, en hiver la déclinaison v est négative et l'on a $\cos^2 (l + v) < \cos^2 (l - v)$.

(2) Voyage t. III, p. 279-283.

CHAPITRE XII.

La proéminence atmosphérique, correspondante à 4 heures, fin des vitesses ascendantes diurnes, peut, dans certaines circonstances, être suffisamment élevée et suffisamment retardée par l'action lunaire pour être aperçue après le coucher du soleil, comme une montagne transparente réfractant la lumière. Dans ce cas, elle présenterait tous les caractères de la lumière zodiacale; elle apparaîtrait au point de l'horizon où le soleil s'est couché, comme si elle était située dans le zodiaque; sa distance au soleil serait de 70 à 80 degrés comme celles observées pendant le voyage de la *Vénus*. Sa pointe, toujours plus indécise que la base, étant occupée par les particules les moins denses, paraîtrait par cela même moins lumineuse, tandis que si cette lumière était produite par une matière cosmique enveloppant le soleil, comme on le suppose, cette matière, contrairement à ce que l'on observe, devrait être plus abondante, et projeter une lumière plus vive au sommet qu'à la base, car le sommet représenterait une double épaisseur de l'anneau occupé par cette matière, et la base comprendrait une partie du vide intérieur.

Ainsi, au lieu de constituer une nébuleuse annulaire qui, par ses variations colossales, tantôt excéderait l'orbite terrestre, tantôt serait comprise entre l'orbite de Vénus et celle de Mars (Humboldt, *Cosmos*, t. I, p. 158), la lumière zodiacale pourrait bien n'être que le bourrelet ou la proéminence atmosphérique des variations diurnes éclairé par les rayons du soleil après son coucher ou avant son lever.

Ce phénomène, ainsi déchu de sa grandeur et réduit à des proportions infiniment plus humbles, passerait du domaine de l'astronomie à celui de la météorologie, et se trouverait débarrassé en même temps des difficultés immenses inhérentes à son rôle astronomique. Ses distances, variables au soleil, seraient mesurées par un arc terrestre, et non par un arc ayant pour rayon la distance du soleil à la terre, et la variabilité de ses distances angulaires au soleil s'expliquerait naturellement par l'influence lunaire (1).

Le mouvement ondulatoire, observé par Fatio et par M. de Humbolt, dans la lumière zodiacale, résulterait des ondes atmosphériques produites par le vent, et rendues visibles par la faiblesse de la lumière crépusculaire, comme les ondes produites par le vent ont été visibles pendant l'éclipse du 8 juillet 1842 (2).

L'œil ne pouvait percevoir des différences moindres que $\frac{1}{60}$ de l'intensité de la lumière; une faible différence ne peut être perçue qu'autant que la lumière est moindre que 60 fois cette différence. Dès lors, c'est la nuit ou pendant le crépuscule que les ondes atmosphériques peuvent devenir visibles. Or, cette circonstance de très-faible lumière se trouve toujours satisfaite alors qu'on observe la lumière zodiacale.

Si l'on remarque que l'action calorifique du soleil doit être très-faible dans les couches supérieures de l'atmosphère, l'action lunaire pourra y être prépondérante sur celle solaire; le sommet ou la pointe de la lumière zodiacale peut donc être plus écarté du soleil que le méridien occupé par la limite des vitesses ascendantes de la couche inférieure. C'est ce qui rend possible la perception de cette lumière sans aucune exagération de la hauteur de l'atmosphère; c'est aussi ce qui explique l'inflexion de la pointe courbée en forme de faux, observée par Cassini, le 14 novembre 1686. En effet, si le sommet de l'onde atmosphérique diurne a une vi-

---

(1) *Cosmos*, t. i, p. 159.
(2) Arago, *Annuaire des longitudes*, pour 1846.

tesse propre différente de sa base, ce sommet doit se déformer, devenir plus aigu et s'incliner comme les ondes liquides retardées par leur pied et sur le point de s'enrouler. Cette déformation, due aux différences d'action calorifique aux diverses hauteurs, ne se produira que le soir et non le matin, parce que l'action calorifique n'existant pas la nuit, la proéminence du matin subit la même influence à toute hauteur de la part de l'action lunaire devenue prépondérante. La lumière zodiacale du matin, quoique se rapportant à une proéminence atmosphérique plus faible que celle du soir, peut devenir apparente du P. Q. au 2e octant et du D. Q. au 4e octant de la lune, alors que le sommet diurne subit le maximum d'avance ou d'écart du soleil par l'effet de l'action lunaire.

La lumière zodiacale du soir sera la plus apparente entre le premier octant et le P. Q., comme aussi entre le troisième octant et le D. Q. de la lune, et sa pointe devra être dirigée vers l'Est lorsqu'elle apparaîtra courbée, si c'est l'action lunaire qui en détermine la déformation.

Les recherches analytiques entreprises par M. Houzeau pour décider si le plan de symétrie de la lumière zodiacale est effectivement le plan de l'équateur du soleil, comme le suppose Cassini, l'ont conduit à reconnaître que cette hypothèse ne satisfait pas aux observations qui, d'après ses calculs, indiquent au contraire un grand rapprochement de la ligne des nœuds de la lumière zodiacale et celle des nœuds de l'équateur terrestre sur l'écliptique. « Cette circonstance, dit-il, pourra jeter un jour nouveau « sur les causes de ce phénomène lumineux, causes qui seront « peut-être plus locales qu'on ne l'a supposé jusqu'ici. » (*Nouv. Astron.* de Schum., 1843-44, n° 499, p. 190.) D'un autre côté, Cassini, le promoteur de la matière cosmique annulaire, convient lui-même que « si l'on pouvait trouver dans l'air quelque « cause qui rangeât les vapeurs et les exhalaisons qui s'y trouvent « selon le zodiaque, on pourrait expliquer cette lumière par la « réfraction des rayons du soleil dans ces matières ainsi dispo-

« sées. » (Cassini, p. 138.) Ces témoignages ne sont pas sans importance en ce qu'ils justifient complétement nos inductions sur la nature toute atmosphérique de la lumière zodiacale. Il est donc permis d'espérer qu'à l'avenir ce phénomène fera partie intégrante de la météorologie, et ce ne sera pas un mince service rendu aux astronomes que de les délivrer d'un sujet aussi épineux et si plein de difficultés embarrassantes par ses formes bizarres et capricieuses.

Cependant les recherches récentes de M. Liais sur la lumière zodiacale soulevant une grave objection à nos idées, nous ne pouvons la laisser sans réponse. En effet, d'après les observations de cet habile astronome, la lumière zodiacale ne serait pas polarisée, tandis que les gaz déterminent la polarisation de la lumière qu'ils réfléchissent ; il semble donc que l'atmosphère terrestre ne saurait satisfaire à la condition de non-polarisation de la lumière zodiacale ; cependant, de même que la lumière réfléchie par les nuages ou par les vapeurs vésiculaires n'est pas polarisée, il suffit pour empêcher la polarisation, à la limite de l'atmosphère, que les particules d'air y soient indépendantes et sans action les unes sur les autres. La polarisation, comme la plupart des phénomènes optiques de l'atmosphère, semble en effet résulter des plans de séparation des sphères ou globules d'air juxtaposés et agissant les uns sur les autres par leur élasticité et par la pression qu'ils supportent ; des plans de séparation analogues s'observent dans les groupes de bulles de savon superposées; les bulles intérieures présentent la forme de polyèdres à faces planes généralement hexagones, tandis que les bulles extérieures conservent leur forme sphérique. Or, ces plans de séparation des globules d'air ou de gaz, qui pourraient bien constituer par leurs intersections les arêtes des formes hexagonales de la neige, paraissent éminemment propres à produire la polarisation de la lumière qu'ils réfléchissent.

Ces plans n'existant pas pour les globules supérieurs situés à la limite de l'atmosphère qui y sont aussi indépendants que les vésicules des nuages, ils ne sauraient pas plus que ces dernières polariser la lumière. Or, d'après nos explications, ce sont les particules supérieures de l'atmosphère, rendues plus légères et plus indépendantes par leur vitesse ascendante, qui réfléchiraient la lumière du soleil et constitueraient la lumière zodiacale. Dès lors cette lumière serait non polarisée comme celle réfléchie par les nuages. Nous persistons donc dans nos idées, et nous ne pensons pas qu'elles puissent laisser de regrets à personne en supprimant le rôle hasardé de l'immense assemblage de corpuscules circulant à grande distance autour du soleil pour alimenter sa lumière et sa chaleur d'une manière uniforme et invariable, produire la lumière zodiacale, donner naissance aux étoiles filantes et aux aérolithes, diminuer l'obscurité des nuits et assurer à la terre la permanence de sa température moyenne!

A cet égard les observations des navigateurs ne seront pas sans intérêt, et pourront concourir puissamment à décider cette question importante dans le sens que nous venons d'indiquer. Car si l'influence lunaire ressortait de ces observations, la question se trouverait résolue, les observations anciennes étudiées à ce point de vue pourraient également concourir à cette solution.

CHAPITRE XIII.

Variation diurne de la tension électrique.

La tension électrique, ou la quantité d'électricité renfermée dans l'air, augmentant à mesure qu'on s'élève au-dessus du sol, si un volume donné d'air se rapproche du sol ou est animé de vitesses descendantes, il pénètre dans des couches plus pauvres en électricité, et il y apparaît avec un excès positif. Au contraire, un volume d'air, animé par une vitesse ascendante, appauvrit en s'éloignant du sol la quantité d'électricité de la couche inférieure, et en pénétrant dans des couches plus riches en électricité, il apparaît avec un excès négatif.

Ainsi, pendant le calme de l'atmosphère, le volume d'air animé de vitesses ascendantes, depuis 9 heures du matin jusqu'à 4 heures du soir, appauvrit progressivement la couche inférieure jusqu'au moment où il atteint le point le plus élevé de sa course verticale; aussi l'heure de 4 heures est celle du minimum de tension électrique comme elle est celle du minimum de pression barométrique diurne; au contraire, les vitesses descendantes augmentent la tension électrique et la pression barométrique; toutes deux atteignent leur maximum vers 10 heures du matin et du soir; d'où l'on voit que les variations diurnes de la pression barométrique et de la tension électrique dérivent toutes deux des vitesses verticales de l'air, et sont les effets d'une même cause, loin d'être la cause les unes des autres.

Des orages.

Les orages sont produits dans les jours de calme et de forte chaleur par les vitesses ascendantes de l'air chargé de vapeurs, qui se condensent et forment des nuages à mesure qu'elles pénètrent dans une région plus élevée et plus froide. Ces nuages séparent la tension électrique inférieure de celle supérieure et prennent des formes bien arrêtées sous l'attraction de ces tensions inverses. Ces formes ne sauraient résulter d'une force expansive ou répulsive intérieure, comme on le suppose, car une pareille force disperserait les bords du nuage au lieu de lui donner la forme arrêtée et arrondie. Les nuages orageux sont blanchâtres, lorsque les différences de tension sont faibles ; mais le mouvement ascensionnel se continuant, l'électricité se raréfie à leur surface inférieure et s'augmente à la surface supérieure qui refoule la couche où elle pénètre. La différence des tensions électriques en regard tendant à s'effacer par le plus court chemin, elles ne peuvent s'écarter latéralement : elles compriment donc le nuage intermédiaire qui s'obscurcit en augmentant en densité et s'aplatit progressivement. La pression électrique, cause de cet aplatissement, augmentant en raison inverse du carré de la distance des deux surfaces du nuage, à mesure que celle-ci diminue, l'air intérieur cède sous cette pression croissante et devient mauvais conducteur de l'électricité, en sorte qu'il isole de plus en plus l'une de l'autre les tensions électriques inverses qui le compriment avec une force croissante, jusqu'au moment où une étincelle électrique supprime en totalité ou en partie cette pression devenue excessive, et détruit la différence de tension électrique des deux surfaces supérieure et inférieure du nuage, de manière à constituer une tension électrique moyenne. A ce moment l'air intérieur du nuage, auparavant comprimé, et dont l'élasticité faisait équilibre à la pression électrique subitement détruite, fait explosion et produit une détonation sonore bientôt suivie par d'autres, car la dilatation subite du nuage, comprimant l'air ambiant en dépassant le point d'égalité de pression, celui-ci réagit à son tour avec impétuosité et se précipite au cœur du nuage, qui devient un centre de vibrations successives ou d'explosions décroissantes qui constituent les vibrations sonores du roulement décroissant du tonnerre.

En même temps le nuage augmentant de volume par sa dilatation, produit du froid, perd de sa force dissolvante, de la vapeur d'eau, et chaque coup de tonnerre détermine une averse de pluie.

Monge ayant reconnu que la foudre accompagne toujours, ou comme cause ou comme effet, la formation subite d'un grand nuage, en a conclu avec raison que le bruit du tonnerre n'est pas celui de la foudre, mais celui de la formation du nuage (*Annal. de chim.*, t. V); mais n'ayant pas découvert la cause de l'explosion première, il attribue le bruit du tonnerre à la précipitation de l'air dans le vide laissé par les vapeurs liquéfiées ou passées subitement à l'état vésiculaire. Or, c'est là ce qui produit la deuxième vibration sonore ; mais la première, qui détermine ce vide a échappé aux investigations de Monge, auxquelles on n'a rien ajouté de satisfaisant depuis. On a attribué le bruit du tonnerre à la précipitation de l'air dans le vide formé par le passage de l'étincelle électrique. (Kaemtz, *Météor.*, p. 347; Pouillet, *Phys.*, t. II, p. 766.) Or, il ne pourrait guère en résulter, comme le remarque M. de Tessan, qu'un sifflement analogue à celui déterminé par un boulet de canon. On a expliqué le roulement du tonnerre par la répercussion du son par des nuages plus ou moins éloignés; or, ce roulement se produit même alors qu'un instant auparavant le ciel était entièrement pur, et sans qu'il s'y trouvât d'autre nuage que celui subitement agrandi pendant le tonnerre. On a supposé aussi que les couches de densités différentes transformaient un son unique en roulement ; tout cela a semblé peu plausible à M. de Tessan, qui attribue le bruit du tonnerre à la suppression instantanée d'une forte dilatation représentant l'expansion répulsive de l'électricité du nuage, de même signe ou de même tension sur ses deux surfaces supérieure et inférieure. (Vinus, *Phys.*, t. V, p. 98.) Cette explication serait fondée si, peu avant le tonnerre, les nuages orageux se dilataient en hauteur au lieu de s'aplatir, s'ils devenaient plus transparents au lieu de s'obscurcir, si le tonnerre réduisait leurs dimensions au lieu de les agrandir ; or, ce sont les effets inverses qu'on observe ; ils doivent donc dériver, comme nous l'avons démontré, de la différence de tension de l'électricité sur les deux surfaces du nuage.

Ce n'est pas à dire pour cela qu'il ne puisse pas exister de nuages présentant la même tension sur toute leur surface ; seulement alors, ce sont d'autres effets qui se produisent, tels que les trombes.

Des trombes.

Si la tension électrique est la même sur les deux surfaces supérieure et inférieure d'un nuage, ces tensions se repoussent et la surface inférieure se trouve en même temps attirée vers le bas par la tension moindre existant à la surface du sol ; or, ces deux forces réunies, agissant dans le même sens sur la surface inférieure du nuage, y déterminent une protubérance descendante appelée trombe, qui s'allonge de plus en plus sous l'attraction croissante des différences de tension, à mesure que la distance de la pointe du nuage au sol diminue. Cette pointe favorise l'écoulement de l'excès de l'électricité du nuage vers le sol, et par suite le rétablissement d'une tension moyenne ; alors la pointe remonte peu à peu, et la trombe s'efface progressivement ; mais si le nuage se déplace et fait de nouveau apparaître une différence de tension électrique, une nouvelle pointe descendante se formera à sa partie inférieure, et le phénomène pourra ainsi reparaître et disparaître plusieurs fois de suite.

Quand ces trombes inoffensives se produisent sur la mer, on y observe un assez vif clapotis résultant de l'attraction exercée par la tension électrique du nuage sur celle de l'eau ; les pointes des petites lames favorisent l'ascension de la tension de l'eau, comme la pointe du nuage favorise l'écoulement de la tension du nuage. Le mouvement ascensionnel inférieur favorisant l'évaporation, le clapotis est surmonté d'une colonne de vapeurs comme si la mer était en ébullition.

Quand la différence de tension électrique du nuage et du sol est considérable, cette différence existe entre les tensions des particules d'air voisines; l'échange des deux tensions électriques inverses met en mouvement l'air intermédiaire; celui touchant au sol et participant à sa faible tension est repoussé par lui et attiré par le nuage; celui touchant au nuage et participant à sa forte tension est repoussé par lui et attiré par le sol, et aussitôt qu'une particule a fait le trajet intermédiaire, elle prend la tension qui l'a attirée et est aussitôt repoussée par elle et attirée par la tension opposée. Ce mouvement alternatif des particules d'air est analogue au mouvement alternatif des grêlons dans un nuage orageux, tel que nous l'expliquerons plus loin, à cela près que les particules dans leur mouvement descendant suivent la pointe du nuage, tandis que celles ascendantes sont dirigées vers la partie non déformée et forment une colonne qui enveloppe celle descendante. L'air extérieur afflue de tous côtés vers le pied de la colonne ascendante, et quand le phénomène a une certaine intensité, les afflux Nord et Sud étant déviés en sens inverse, l'un vers l'Ouest, l'autre vers l'Est, au lieu de se rencontrer dans l'axe de la colonne, ils la font pivoter en sens inverse du mouvement des aiguilles d'une montre, et ce mouvement giratoire transforme le mouvement ascendant en une spirale ascendante, et le mouvement descendant intérieur en une spirale descendante, mais tournant dans le même sens. La force centrifuge du mouvement giratoire déterminant un vide dans l'axe de la colonne, la pointe du nuage y descend jusqu'au sol, ce qui sur mer fait surgir vers elle une intumescence liquide. Alors la trombe offre sur un petit rayon tous les caractères d'un ouragan; les vitesses ascendantes extérieures arrachent les voiles des navires; sur terre, elles tordent et arrachent les arbres, les plantes, et les gerbes, soulèvent la poussière, dessèchent en un instant les mares dont elles dispersent l'eau et ses habitants dans l'espace. En même temps des décharges électriques illuminent toute la hauteur de la colonne et y sont suivies d'averses torrentielles.

De la grêle.

Si une seule étincelle électrique ne suffit pas pour rétablir l'équilibre entre les tensions électriques inverses qui compriment les deux surfaces supérieure et inférieure du nuage orageux, cette étincelle diminue toujours notablement la différence de ces tensions opposées et par suite, la compression du nuage ; dès lors l'air moins comprimé se dilate et peut se refroidir assez pour déterminer la congélation de la vapeur vésiculaire intérieure, si déjà la température du nuage est voisine de 0°.

De là, la formation de grêlons qui seront ensuite alternativement attirés et repoussés par chacune des surfaces opposées du nuage, et sur lesquels se condensera la vapeur encore en dissolution, refroidie tant par le trajet alternatif des grêlons que par la dilatation progressive du nuage, comme nous le verrons plus loin.

L'accroissement des grêlons ne résulterait donc pas, comme on l'admet depuis Volta, de leur mouvement d'oscillation entre deux nuages superposés, mais de celui imprimé par l'attraction et la répulsion alternatives que les grêlons d'un même nuage (1) éprouvent de la part de ses surfaces supérieure et inférieure, douées, l'une d'un excès positif, l'autre d'un excès négatif d'électricité par rapport à l'air ambiant. Ces deux excès s'attirant mutuellement pour rétablir la tension moyenne, les grêlons

____

(1) « Plusieurs physiciens ont en effet observé sur le versant des monts, les « mouvements désordonnés des grêlons dans les nuages mêmes où ils se for- « ment, ou entendu le bruissement de leurs chocs à peu de distance de ces « nuages. (Lamé, *Phys.* III, p. 97.)

électrisés par influence par la surface la plus voisine sont repoussés par elle et attirés par l'autre ; puis, quand ils atteignent celle-ci , ils perdent leur électricité et prennent celle opposée de la surface qui les a attirés et qui les repousse aussitôt vers l'autre, ainsi de suite. Par cette oscillation des grêlons, il s'établit .un échange partiel d'électricité qui diminue. la différence de tension électrique des deux surfaces opposées du nuage, et avec elle la compression de l'air intérieur. Or, cet air, se dilatant alors par son élasticité, produit du froid, perd sa force dissolvante de la vapeur qui se précipite sur les grêlons, et ceux-ci augmentent jusqu'au moment où leur poids dépassant la force de répulsion de la surface inférieure du nuage, celui-ci crève et laisse tomber la grêle qu'il renfermait. L'on comprend que cette chute sera complète et immédiate si une étincelle électrique détruit la différence de tension des deux surfaces opposées du nuage, puisque alors les grêlons ne seront plus soumis qu'à l'action de la pesanteur, aussi la chute de la grêle est-elle ordinairement déterminée par un coup de tonnerre.

Les explications que nous venons de donner sur le rôle que les vitesses ascendantes jouent dans la production des nuages, des orages, du tonnerre et de la grêle, sont confirmées par les faits observés, en ce que ces météores ne se manifestent pas avec les vents ayant une composante polaire ou animée de vitesse descendante, qu'ils sont plus intenses et plus fréquents en été qu'en hiver, sur terre que sur mer, et surtout sur les pentes des grands reliefs du sol qui déterminent des vitesses ascendantes dans l'air affluant de la plaine située à leur pied.

De plus les circulations atmosphériques dans les bassins, dont ces reliefs forment les berges, entraînent les orages, et expliquent leur marche parallèle aux chaînes des montagnes comme aussi leur division par des reliefs isolés. Enfin, les vitesses ascendantes de l'air de l'oscillation diurne, s'ajoutant à la composante ascendante du vent, expliquent pourquoi les orages se produisent vers 4 heures du matin et surtout vers 4 heures du soir, heure à laquelle l'air animé par le mouvement ascendant diurne atteint le terme supérieur de sa course verticale. Cependant si c'est vers 4 heures que les orages éclatent le plus fréquemment, l'action lunaire qui concourt à avancer ou à retarder l'heure du minimum barométrique diurne, fait par cela même également varier l'heure normale des orages. A cet égard, le retard diurne des passages méridiens de l'astre explique les retards progressifs que l'on observe dans l'heure des orages qui se produisent plusieurs jours de suite.

Ce fait n'a échappé à personne. Cependant l'on n'a pas encore songé à l'attribuer à l'influence lunaire : il mérite donc d'être vérifié en même temps que l'on constatera l'écart de l'instant d'un orage de l'heure de 4 heures. Cet instant devra être noté pour être comparé à celui où l'orage se manifestera le jour suivant. Aux syzygies, il devra y avoir constamment retard sur l'heure de l'orage d'un jour à l'autre, mais aux quadratures, si l'orage se produit vers 5 heures, un jour avant la quadrature, il pourra éclater à 3 heures un jour après la quadrature, parce qu'alors c'est l'action lunaire diamétralement opposée qui se combine avec celle solaire, comme étant la plus rapprochée de cette dernière.

Les orages en pleine mer sont rares à cause de la faible conductibilité de l'eau et des faibles vitesses ascendantes produites par l'action calorifique du soleil.

Sur terre les vitesses ascendantes, déterminées par une forte action calorifique locale, aspirent l'air inférieur dont les afflux Nord et Sud, déviés en sens inverse par les différences des rayons vecteurs traversés. constituent un couple qui imprime à l'orage un mouvement giratoire en sens inverse du mouvement des aiguilles d'une montre dans l'hémisphère Nord, comme l'a observé M. Lartigue dans les orages des Pyrénées ; et ce mouvement est d'autant plus lent que l'orage occupe une plus grande étendue.

CHAPITRE XIV

1. Des perturbations produites dans les circulations atmosphériques par les différences anormales de température.

Les perturbations thermales affectent soit le mouvement d'oscillation annuelle ou mensuelle des circulations, soit leurs vitesses intimes.

Dans le premier cas, elles déterminent soit une accélération qui doit être ensuite rachetée par un retard, soit par un retard qui doit être racheté par une accélération ultérieure; de là des mouvements irréguliers dans les oscillations annuelle, mensuelle et semi-diurne dont l'intensité est proportionnelle à celle de ces oscillations aux diverses latitudes, c'est-à-dire au sinus du double de la latitude. Ces oscillations méridiennes irrégulières produisent, par suite, des variations barométriques irrégulières analogues à celles dont nous avons parlé, et qui suivent la même loi d'accroissement d'amplitude de l'équateur au pôle proportionnellement au carré du sinus de la latitude,

Les perturbations produites par les températures anormales dans le mouvement intime des circulations sont de deux espèces.

Quand la température anormale est basse, elle détermine un coup de vent accompagné d'oscillations produites par l'élasticité de l'air . u d'ondes atmosphériques entraînées par la circulation.

Quand la température anormale est élevée, elle détermine un tourbillon ou une tempête tournante, ouragan ou tornados.

Comme les grands froids se produisent en hiver et la nuit, et plutôt au Nord qu'au Midi, les coups de vent seront plus fréquents dans la circulation polaire que dans celle tropicale ; ils seront plus nombreux en hiver qu'en été, et éclateront la nuit plutôt qu'au jour.

Au contraire, les grandes chaleurs se produisant en été et pendant le jour, au Midi plutôt qu'au Nord ; les tempêtes giratoires seront plus fréquentes dans la circulation tropicale que dans celle polaire ; elles se manifesteront surtout en été et éclateront le jour ou vers le soir.

2. — Des coups de vent ou perturbations intimes des circulations produites par une température anormale basse.

Les forces motrices considérées agissant sur l'eau et sur l'air, il y aurait toujours accord entre les mouvements de l'eau et de l'air à la surface de la mer, si l'air, à cause de sa grande dilatibilité, ne subissait pas en outre des mouvements produits par les différences de température. Mais ces mouvements étrangers produits tantôt dans un sens tantôt dans l'autre se compensant dans la moyenne, il en résulte que le vent prédominant là où il est variable est représenté en direction par celle qu'affecte en chaque point la circulation générale.

Sans les différences de température le mouvement de l'air dans la circulation générale serait continu et ne subirait jamais de variations brusques dans sa vitesse et sa direction, car celles produites par les variations de l'action solaire et lunaire sont progressives et lentes. Mais la circulation générale étant inamissible dans son ensemble, toute entrave locale ou accidentelle se rachète par une accélération brusque ou par un coup de vent dès que la cause qui l'a produite vient à faiblir. Ce coup de vent se produira dans le sens de la circulation générale et sous le vent du point où l'entrave s'est produite et y sera annoncé par une forte dépression barométrique ; or, le ralentissement local de la

circulation est déterminé par un abaissement local de la température; car, s'il y a refroidissement, l'air est plus dense et une
portion de la couche supérieure pénètre dans celle inférieure en
mouvement; la quantité de mouvement restant la même et se
rapportant à une masse plus considérable, il y a nécessairement
diminution de la vitesse; or, le ralentissement local n'existant pas
en avant ni en arrière, il se produit en avant une raréfaction qui
y fait baisser le baromètre, et, en arrière, une accumulation qui
le fait monter jusqu'au moment où la pression excédant la résistance à vaincre rétablit brusquement la circulation normale
interrompue; de là un coup de vent qui éclate sous le vent du
point où l'entrave s'est produite, et qui, par l'élasticité de l'air,
se traduit en rafales ou en ondes atmosphériques qui se propa-
gent dans le sens de la circulation. Comme c'est surtout en hiver
que l'air est soumis à de grands refroidissements, c'est en hiver
que les coups de vent sont les plus fréquents ; d'un autre côté,
les régions soumises aux variations de température les plus grandes et les plus fréquentes sont celles qui doivent subir les coups
de vent les plus forts et les plus fréquents.

Or, les températures étant proportionnelles au carré du cosinus
de la latitude, les différences de température coexistantes sont un
multiple du sinus du double de la latitude dont le maximum répond au parallèle de 45 degrés de latitude.

C'est donc au milieu de la zone des vents d'Ouest prédominants que les coups de vent doivent être les plus fréquents.
L'on reconnaîtra en effet cette influence à l'inspection des indications relatives aux coups de vent consignées sur la carte annexée
à ce travail.

3. *Cartes des coups de vent.*

M. Maury ayant pu conclure la fréquence relative des coups
de vent aux différents mois de l'année dans l'Océan Atlantique
à l'aide de 265,292 jours d'observations fournies par les tables
de loch des navires, il a publié douze cartes, une pour chaque

mois, indiquant la fréquence relative des coups de vent par des
teintes conventionnelles placées sur les parages où ils. ont été
observés. Le rouge y marque un coup de vent en 14 jours ; le
bleu, un coup de vent en 10 jours, et le violet, un coup de vent
en 6 jours. Nous avons cru devoir résumer sur notre carte les
faits consignés sur les douze feuilles de M. Maury, en substituant
aux teintes la lettre initiale du mois à laquelle chaque carte se
rapporte, et en convenant que l'initiale non soulignée indique
pour ce mois, dans toute l'étendue du carreau occupé par la lettre,
un coup de vent en 14 jours; que l'initiale soulignée d'un seul
trait exprime un coup de vent sur 10 jours, et de deux traits, un
coup de vent sur 6 jours. Pour n'altérer en rien les données in-
téressantes fournies par les cartes de M. Maury, nous avons dû
adopter le même corroyage et compter comme lui les longitudes
du méridien de Greenwich.

Il suffit de jeter les yeux sur cette carte pour reconnaître que
les coups de vent sont plus fréquents dans les mois d'hiver que
ceux d'été et qu'ils se rapportent à la zone des vents d'Ouest.

Par cela même que les coups de vent sont toujours précédés
de différences anormales de température, il en résulte que les
différences de température entravent le mouvement régulier de
l'air et que, par suite, ce mouvement régulier doit être produit,
comme nous l'admettons, par des forces régulières autres que
l'action thermale qui représente une force pertubatrice partout
ou cette action est variable et anormale.

Nous ajouterons ici encore quelques détails sur les mouvements de l'air déterminés par la température anormale froide.

Quand il se produit une température anormale froide, l'air
supérieur s'abaisse, et, pénétrant dans la couche inférieure, s'y
répand au Nord et au Sud. Le mouvement Nord étant dévié
vers l'Est et celui Sud vers l'Ouest, cette déviation inverse
imprime un faible mouvement giratoire à la masse intermédiaire, dans le sens du mouvement des aiguilles d'une montre qui
donne aux vents coexistants le caractère d'une série de spirales

divergentes d'un même centre. Ces spirales se trouvent parfaitement indiquées par les vents environnant les maxima de pression observés à midi, le 12 novembre 1854, en Angleterre, et en France le 13, d'après les cartes dressées par M. Liais et relatives au passage en Europe de la tempête qui a sévi sur la flotte alliée en Crimée.

D'un autre côté, le mouvement de translation de cette tempête à travers l'Europe se rapporte parfaitement à une circulation polaire dans le bassin atmosphérique limité à l'Est par les monts Oural, et confirme le rôle que nous attribuons aux circulations atmosphériques dans le mouvement de translation des coups de vent, des tempêtes et des ondes atmosphériques. Du reste, ce rôle ressortira plus clairement encore des parcours des ouragans et tornados dont nous allons nous occuper.

Les vitesses descendantes qui alimentent les vents alizés à la latitude du maximum de pression moyenne ou du calme tropical y engendrent également un mouvement giratoire dans le sens du mouvement des aiguilles d'une montre, représenté par des vents variables décrivant une spirale divergente. Ainsi dans l'hémisphère Nord le mouvement giratoire direct est toujours produit par des vitesses descendantes et le mouvement inverse par des vitesses ascendantes.

CHAPITRE XV.

DES TEMPÊTES TOURNANTES, OURAGANS ET TORNADOS, PRODUITS
PAR UNE TEMPÉRATURE ANORMALE ÉLEVÉE.

Ces tempêtes sont engendrées par une température anormale élevée, se manifestent par suite en été, et prennent naissance avant la fin du jour. La couche atmosphérique inférieure dilatée par la chaleur augmente beaucoup plus facilement en hauteur qu'en largeur, parce que la pression latérale inférieure est plus forte que celle supérieure; il en résulte que l'air dilaté s'élève et se raréfie dans le bas en s'élevant, ce qui l'empêche de faire équilibre aux pressions latérales inférieures qui poussent l'air de tous côtés vers la dilatation. Parmi ces afflux, ceux Nord et Sud, diamétralement opposés, sont déviés le premier vers l'Ouest par l'augmentation des rayons vecteurs, et le deuxième vers l'Est par leur diminution, en sorte qu'au lieu d'arriver au centre de la dilatation et de s'y faire mutuellement équilibre, ces afflux déviés s'en écartent d'autant plus qu'ils arrivent de plus loin, et forment un couple progressif en grandeur qui tend à faire tourner la masse intermédiaire en sens inverse du mouvement des aiguilles d'une montre. Tel est en effet le sens du mouvement giratoire des tempêtes tournantes, tornados, ouragans, et de l'hémisphère Nord.

1. — *Tornados des Açores.*

Ces îles, situées dans la circulation tropicale, déterminent, en été, de fréquents tourbillons connus sous le nom de tornados, et dont la cause réside dans la dilatation locale de l'air produite par l'action calorifique du soleil sur ces îles.

Le vide inférieur produit par cette dilatation aspire l'air de tous côtés, et, comme nous l'avons déjà dit, les afflux Nord et Sud déviés en sens inverse par les différences des rayons vecteurs traversés, constituent un couple qui imprime à la masse d'air intermédiaire un mouvement giratoire en sens inverse du mouvement des aiguilles d'une montre. Tel est en effet le sens du tourbillonnement des tornados des Açores.

Le tourbillon une fois formé est entraîné par la circulation tropicale, et tel est en effet la direction de son parcours vers le Sud-Est.

Les afflux Nord et Sud étant également entraînés au Sud-Est, par la circulation, le vent de Nord devient Nord-Nord-Ouest et le vent de Sud devient Ouest-Sud-Ouest, et tels sont en effet les vents régnants au Nord et au Sud pendant la formation du tourbillon.

Les tornados qui arrivent tout formés à Fayal et à Tercère, prennent naissance à Corvo, situé au vent. Cette île isolée et écartée du groupe principal des Açores doit, en effet, favoriser la production de ces tornados, en ce que les afflux Nord et Sud n'y rencontrent aucune entrave sur leur route, condition nécessaire à la production du tourbillon.

La fréquence des tornados des Açores en été donne dans cette saison un avantage marquant à la route de Saint-Nazaire à Saint-Jean de Nicaragua par le canal de la Mona sur celle passant par la Martinique, laquelle traverse le groupe principal des Açores ; de même la route loxodrimique de Cadix à la Martinique est aussi préférable à celle orthodromique. Cependant ces tourbillons sont de courte durée ou de faible diamètre par rapport à celui des ouragans des Antilles, et sont loin d'être aussi redoutables par leurs effets désastreux.

2. — *Des ouragans.*

Les ouragans prennent naissance à la rencontre des moussons opposées dirigées vers le maximum thermal.

Les vents variables qu'on observe au maximum thermal résultent du mouvement giratoire inverse imprimé par les afflux
Nord et Sud aspirés par les vitesses ascendantes de l'air. Celles-ci
devant incessamment changer de latitude avec la déclinaison du
soleil, quand leur déplacement s'opère sans entraves le mouvement giratoire imprimé au calme équatorial est représenté par
des vents variables de faible intensité; mais si, par l'inégale distribution des terres et des eaux, le maximum thermal doit passer
de terre sur mer, les terres plus conductrices ayant une température plus élevée que la mer, retardent la marche du maximum
thermal. Ailleurs, ou dans une autre saison, celui-ci devant
passer de mer sur terre à un jour donné, ce jour se trouvera de-
vancé par la conductibilité des terres. L'on voit par là que l'inégale distribution des terres et des eaux transforme le mouvement
continu du maximum thermal en un mouvement retardé ou ac-
céléré.

Or, l'on comprend que si le point d'appel des moussons opposées persiste dans une position au delà du temps assigné par le
déplacement du soleil, plus cette persistance sera longue, plus le
changement de position sera brusque et considérable quand les
forces régulières l'emporteront sur celles perturbatrices, et la
détente des forces régulières n'ayant pu s'opérer progressivement par le mouvement giratoire de faible intensité des vents variables, cette détente s'opérera brusquement, la masse d'air
retardée se précipitera avec impétuosité vers son nouveau point
d'appel, et le couple résultant de la déviation des moussons opposées fera tourbillonner avec furie la masse d'air intermédiaire, le
rayon de la tourmente sera proportionnel au retard qui l'aura
provoqué et les navires qu'elle enveloppera, s'ils ne suivent les
prescriptions que nous formulerons plus loin, subiront les désas-
tres terribles produits par tant d'ouragans célèbres.

Sur terre, le mouvement de l'air inférieur étant gêné et modifié par la présence des reliefs du sol, le mouvement giratoire ne
se produit qu'à une certaine hauteur où les afflux opposés Nord

et Sud sont libres de toute entrave, et déterminent par leur déviation inverse le couple générateur du tourbillon. De même si,
en mer, l'un ou l'autre afflux se trouve gêné par le voisinage des
terres, le mouvement giratoire ne pourra prendre naissance à la
surface de la mer, mais seulement à une certaine hauteur ; en
sorte que là où les afflux Nord et Sud ne coexistent pas à la surface
de la mer, les vents inférieurs ne concourent en rien à la généra-
tion des tourbillons observés. Ces tourbillons une fois formés
représentent toute l'action de la partie non équilibrée des forces
impulsives méridiennes, et ils obéissent à la circulation qui représente la partie équilibrée de ces forces au large et dérive de
leur action libre sur la rive Est. Cependant, de même que le
tourbillon se trouve entraîné par la circulation générale dans laquelle il se produit, de même les afflux Nord et Sud qui engendrent ce tourbillon sont entraînés par cette circulation.

Dans la moitié Sud de la circulation tropicale, le vent général
étant celui Est, son action sur les afflux Nord et Sud qu'il entraîne
les transforme en Nord Est et Sud Est qui sont, en effet, les
vents coexistants, l'un au Nord et l'autre au Sud des ouragans
des Antilles, comme le remarque M. Lartigue ; mais ce n'est pas
une raison d'attribuer le mouvement giratoire des tempêtes au
croisement des vents à angle droit, car l'on ne voit pas pourquoi
ce mouvement s'opérerait toujours dans le même sens, dans le
même hémisphère. Or, ce sens étant invariable et conforme à
celui produit par les afflux Nord et Sud, dirigés vers la dilatation,
il suit que ce sont ces afflux qui produisent le mouvement giratoire, même lorsqu'ils sont entraînés par la circulation générale
et ne représentent plus que les composants Nord et Sud des vents
perçus coexistants.

La force de ces vents respectifs est en raison inverse de la
distance du maximum thermal au maximum de pression, ou du
calme équatorial au calme tropical, Or, cette distance est variable parce que l'oscillation de ces calmes n'est pas synchrone ; le
calme thermal occupant les limites de son oscillation annuelle

environ un mois après les solstices, tandis que le calme tropical n'arrive à ses limites qu'aux équinoxes, il en résulte que la distance des deux calmes est la moindre dans l'hémisphère Nord, un mois ou six semaines après le solstice d'été ; alors l'alizé Nord-Est a sa plus grande force, et cette circonstance favorise la production des ouragans des Antilles dans cette saison. D'un autre côté, le calme tropical ne subissant pas dans l'Ouest l'action du refoulement transéquatorial qui se produit dans l'Est, il se trouve plus rapproché du maximum thermal dans le voisinage des Antilles que dans l'Est, et c'est pourquoi les ouragans se forment loin de la côte d'Afrique.

Le parcours de ces ouragans varie avec la position que la circulation à laquelle ils obéissent occupe dans son oscillation annuelle et mensuelle, et suivant la hauteur à laquelle le tourbillon s'est formé ou suivant le bassin atmosphérique auquel appartient la circulation qu'entraîne le tourbillon. Ainsi le parcours des ouragans nés à la surface de la mer se rapporte à la circulation inférieure comprise dans le bassin même de cette mer.

Mais les ouragans formés à une certaine hauteur, lorsque les afflux inférieurs Nord et Sud sont entravés, appartiennent à des circulations plus étendues qui s'avancent dans les terres jusqu'aux berges, limites naturelles de leur bassin atmosphérique. De là résulte la diversité de direction des ouragans perçus dans les mêmes parages.

Cependant cette diversité n'exclut pas la similitude de forme de leurs parcours, résultant de la similitude des circulations atmosphériques dans leurs bassins respectifs, et il suffit de jeter les yeux sur la carte de Redfield, représentant les parcours des ouragans des Antilles et des États-Unis, pour reconnaître immédiatement que chacun d'eux représente un arc plus ou moins étendu d'une circulation tropicale, et pour se convaincre que le Gulf Stream ne sert pas de véhicule à ces tempêtes tournantes, comme on le suppose, puisqu'un grand nombre passe dans l'intérieur des terres.

3. — *Caractères généraux des ouragans.*

La vitesse de translation des ouragans, représentée en moyenne par celle des circulations, n'est pas constante, parce que la formation de la tempête amène un retard local dans la circulation qui doit être ensuite racheté par une accélération. Ce retard initial détermine un vide en avant ou une dépression barométrique comme celle qui annonce un coup de vent ; mais cette dépression barométrique extérieure à l'ouragan se dissipe là où sa vitesse s'accélère, et quand on perçoit la tempête tournante à une certaine distance de son origine, elle n'est plus annoncée que par des oscillations barométriques rapides, produites par les ondes atmosphériques qui la précèdent, ainsi que par la forte houle soulevée dans le demi-cercle dangereux où le mouvement de translation s'ajoute à celui de rotation du tourbillon. Ce n'est qu'à l'intérieur du mouvement giratoire que l'on perçoit la baisse progressive du baromètre, à mesure que la distance du centre diminue, et sa hausse progressive à mesure que cette distance augmente, après le passage du centre.

Cette baisse du baromètre, à l'approche du centre, est produite tant par les vitesses ascensionnelles qui ont déterminé les afflux Nord et Sud que par le vide déterminé par la force centrifuge du tourbillon engendré par ces afflux et qui pousse l'air central vers la circonférence de la base de la tourmente. Ainsi, pendant qu'au centre le baromètre est fortement déprimé, il est au contraire surélevé à la limite extérieure, et le niveau de la mer subit une variation inverse : il se déprime à l'extérieur et se surélève à l'intérieur. L'intumescence intérieure étant entraînée par le mouvement de translation produit un fort courant dans le sens de ce mouvement, et quand la colonne giratoire passe de la mer sur la terre, elle projette contre le rivage toute l'intumescence produite par l'aspiration, et la mer inonde subitement les côtes basses comme celle de la Floride jusqu'à une grande distance dans l'intérieur des terres.

Les vitesses ascendantes centrales déterminent les pluies torrentielles qui caractérisent ces météores ; elles arrachent les voiles
des navires et sur terre les arbres et les parties saillantes des
- édifices. Cependant un navire à sec de voiles, n'offrant aucune
prise à ces vitesses ascendantes centrales, n'en éprouverait
aucune atteinte, et s'y trouverait dans un calme parfait si l'agitation de la mer, le tumulte et le soulèvement excessif des lames
ne constituaient pas le péril le plus redoutable qu'ils aient à
fuir, et si ce calme n'était aussitôt suivi de la tourmente dans
toute sa furie.

Pour venir en aide aux navigateurs nous croyons devoir exposer ici les prescriptions relatives aux manœuvres à exécuter que
nous avons rédigées à l'occasion de la discussion de la tempête
de Crimée, publiée dans le *Moniteur* du 7 mars 1855.

CHAPITRE XVI.

DÉ LA MANOEUVRE DES NAVIRES DANS LES OURAGANS DES AN-
TILLES OU DE L'HÉMISPHÈRE NORD.

———

1. — *Le mouvement giratoire inverse de celui des aiguilles d'une montre commande les amures à tribord pour fuir le centre.*

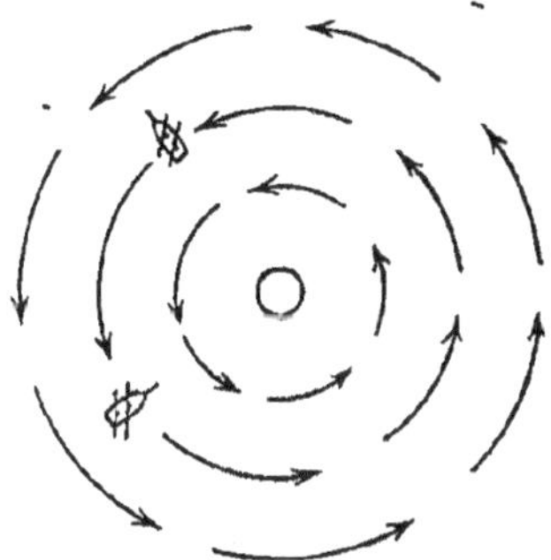

En regardant dans le vent, le centre reste à droite ; un navire dirigé vers le centre reçoit le vent de bâbord, et un navire fuyant le centre reçoit le vent de tribord.

Si donc, comme l'expérience le prouve, le centre est la partie la plus dangereuse de la tourmente, où la mer est la plus affreuse et où les sautes de vent exposent à masquer et à sombrer par l'arrière, évidemment il faut à tout prix fuir ce foyer dangereux, et pour cela recevoir le vent de tribord, c'est-à-dire avoir les amures à tribord.

Cette manœuvre bien simple, relative aux tempêtes de l'hémisphère Nord, a été malheureusement presque toujours éludée, et rien n'est plus rare que son exécution.

Ce fait, que nous avons vérifié sur plus de deux cents journaux de navires maltraités par les tempêtes de l'hémisphère

Nord, nous a vivement étonné, et nous nous sommes efforcé d'en trouver la raison. D'abord nous avons reconnu que la fausse manœuvre des amures à bâbord ne pourrait toujours résulter de la direction de la route des navires engagés ; car les routes opposées étant également fréquentées, les allures inverses bâbord et tribord amures devraient se rencontrer en nombre à peu près égal ; ainsi, en supposant que la direction de la route ait déterminé la bonne manœuvre des uns, il pourra bien se trouver un nombre égal de navires dont la route opposée aura pu décider les amures fausses ; mais tous les autres, et leur nombre est dix fois plus considérable, ont dû avoir évidemment d'autre raisons déterminantes pour faire choix de l'allure fatale conduisant au péril.

Or, cette raison décisive paraît être exclusivement fondée sur la tradition pratique de gouverner debout à la lame dans les gros temps, tradition ancienne qui remonte au temps des galères et des embarcations non pontées.

Nous avons reconnu, en effet, toutes les fois que la direction de la lame se trouvait consignée dans les tables de loch, que le navire engagé sous de fausses amures la recevait par l'avant. Or, la lame prédominante soulevée dans la base de l'ouragan se propageant en dehors, tout navire gouvernant debout à cette lame se dirige vers le centre, et reçoit le vent de bâbord. Mais tandis qu'à l'extérieur de la base de la tempête, il n'avait à se garer que d'un seul système de lames, il se trouve assailli à l'intérieur, et surtout dans le voisinage du centre, par des lames de toute direction dont le choc naturel fait surgir sur place des masses pyramidales gigantesques qui impriment au navire un tel mouvement de tangage, qu'en un instant tous ses mâts sont rasés au niveau du pont. Les divers systèmes de lames coexistantes dans la base de l'ouragan résultent de ce que tous les points situés sur un même rayon giratoire reçoivent simultanément l'impulsion d'un vent perpendiculaire à ce rayon, en sorte qu'à chaque rayon correspond un système d'ondes ; ces divers systèmes divergent entre eux comme les rayons giratoires, et à une certaine distance à l'extérieur de la base, on ne perçoit qu'une simple houle ; mais à l'intérieur le nombre des ondes, se croisant en tous sens, augmente à mesure qu'on approche du centre.

D'un autre côté, cette région, caractérisée par des sautes de vent brusques et considérables, est surtout redoutable pour les navires engagés dans le demi-cercle dangereux à droite du parcours du centre, où la vitesse giratoire s'ajoute à celle de translation. En effet, dans ce demi-cercle, le vent perçu tournant sur le compas à droite, un navire à voiles qui reçoit le vent de bâbord court les risques, à la première saute de vent, de le recevoir à l'avant, ou de masquer et de sombrer par l'arrière. Mais ce péril n'est pas à craindre ou du moins est beaucoup atténué pour les bateaux naviguant à sec de voiles.

Il n'est pas nécessaire d'insister davantage sur la gravité du danger que présente le voisinage du centre, et sur la nécessité de fuir ce foyer de la tempête tribord amures, sans chercher à gouverner debout à la lame. Les navigateurs assaillis ou sur le point d'être enveloppés par un ouragan ne doivent donc pas régler leur manœuvre sur le danger présent ou initial, mais sur celui à venir ; et pour éviter de se précipiter dans le péril des lames centrales, ils ne doivent ni se préoccuper outre mesure de la lame existante au commencement de la tourmente, ni surtout gouverner ou mettre à la cape debout à cette lame.

En un mot, au début d'une tempête dans l'hémisphère Nord, comme aussi pendant toute sa durée, ils ne doivent, sous aucun prétexte, prendre les amures à bâbord, ou présenter le côté de bâbord au vent ; car, même à sec de voiles, cette manœuvre, si elle était définitive, les engagerait dans le centre de la tourmente, loin d'assurer leur salut, et si elle n'était que provisoire et exécutée seulement pour observer le sens de la variation du vent, afin d'en conclure l'allure ultérieure, comme nous allons l'indiquer, ils perdraient forcément beaucoup de temps à faire évoluer le navire, lorsqu'il s'agirait de prendre les amures ou le vent à tribord, condition essentielle pour fuir le centre.

Liste des navires engagés ou maltraités pour avoir eu les amures à bâbord, dans les parages de l'océan Atlantique et de la Méditerranée.

	ÉPOQUE.	NOMS des navires.	POSITION. D. À droite du parcours. G. À gauche du parcours. P. Sur le parcours du centre.		ACCIDENTS.	AUTORITÉ.
			ANTILLES.			
1	1780 3 octobre	Phœnix	D.	Côte S. de Cuba	démâté et naufragé	Reid., (1) 2e éd.
2	1780 6 octobre	Grafton	G.	28°20 N.; 76°20 O.	démâté	Id.
3	1780 6 octobre	Berwik	P.	23°45 N.; 77°57 O.	id.	Id.
4	1780 6 octobre	Trident	G.	28°18 N.	id.	Id.
5	1780 6 octobre	Hector	G.	28°28 N.	id.	Id.
6	1780 6 octobre	Bristol	G.	29°52 N.; 76°18 O.	id.	Id.
7	1780 7 octobre	Terrible	.	31°39 N.; 76°10 O.	id.	Id.
8	1780 12 octobre	Egmont	G.	à 13 lieues de Sainte-Lucie	rasé	Id.
9	1780 15 octobre	Ulysse	D.	16°20 N.; 32 lieues de Saona	démâté	Id.
10	1780 16 octobre	Diamond	D.	17°22 N.; 14 l. de St-Domingue	id.	Id.
11	1830 13 août	Blanche	G.	27°15 N.; 81°53 O.	id.	Id.
12	1830 25 août	Kensington	G.	Cap Henlopen	id.	Id.
13	1837 13 août	Calypso	G.	24°40 N.; 77°5 O.	démâté, chaviré	Id.
14	1837 17 août	Yolof	G.	38° N.; 76°40 O.	démâté	Id.
15	1847 17 août	Ida	G.	29°39 N.; 81°34 O.	désemparé	Id.
			ANTILLES ET GULF STREAM.			
16	1837 21 août	Mary	D.	36°12 N.; 74°31 O.	démâté, couché	Id.
17	1837 29 septbre	Racer	D.	19°45 N.; 83°45 E.	désemparé, couché	Id.
18	1843 17 août	Thames	G.	27° N.; 07°20 O.	engagé	Reid. progress.
19	1843 9 novbre	Vesuvius	D.	39°20 N.; 64°31 O.	id.	Id.

(1) *To attempt of the law of storms.*

ÉPOQUE.	NOMS des navires.	POSITION. D. À droite du parcours. G. À gauche du parcours. P. Sur le parcours du centre.		ACCIDENTS.	AUTORITÉ.
		NORD ATLANTIQUE.			
1847 22 février	Sea	G.	39°18 N.; 32°53 O.	engagé	Reid. progress. p. 300.
1848 17 décbr.	Marmion	D.	33°32 N.; 21°53 O.	id.	Id. p. 363.
		CÔTE D'ANGLETERRE.			
1858 20 octobre	Leith	•	Cap Flamborough	id.	Reid.. 3e édit.. p. 442.
		MÉDITERRANÉE.			
1810 2 décbr.	Vanguard	D.	32°50 N.; 33°25 E.	id.	Reid. progress. p. 287.
1810 2 décbr.	Bellérophon	D.	31°31 N.; 33°7 E.	id.	Id. p. 291.
		MADÈRE.			
1842 24 octobre	Falcon	G.	31°10 N.; 22°3 O.	id.	Id. p. 276.
1842 20 octobre	Vapeur Dee	G.	31°1 N.; 22°6 O.	id.	Id. p. 277.
1842 20 octobre	Warspite	D.	30°20 N.; 11°31 O.	id.	Id. p. 279.

2. — *Le mouvement de translation du centre commande l'allure du navire dans chaque cas.*

Si le centre de l'ouragan était fixe, le navire se dégagerait par le plus court chemin sous l'allure constante du largue tribord amures, ou en recevant le vent par le travers de tribord; mais le centre se déplaçant et son parcours pouvant coïncider avec le rayon suivi par le navire, ce dernier, loin de se dégager, finirait infailliblement par être atteint : il importe donc au navire de fuir, non-seulement le centre, mais encore son parcours.

Or, la route à tenir pour fuir le parcours du centre et abréger le séjour du navire dans la base de la tourmente, dépendant de la position du navire par rapport à ce parcours, il ne s'agit que d'avoir un moyen facile de discerner cette position. Si les ouragans suivaient toujours la même direction dans les mêmes parages, cette direction une fois connue, il serait aisé de conclure du vent perçu la position relative du navire et par suite son azimut de fuite. Malheureusement la direction du centre est loin d'être constante, parce qu'elle est représentée par la direction du vent dans la circulation générale à laquelle il appartient, et que la position de cette circulation n'est pas constante et est soumise à des oscillations annuelle et mensuelle dont l'amplitude est de 10 degrés en latitude; de plus, selon que la tempête a pris naissance à la surface de la mer ou à une hauteur indéterminée, la circulation qui l'entraîne appartient au bassin maritime ou à un bassin atmosphérique dont l'étendue augmente avec la hauteur de ce bassin. Or, bien que les mouvements dans les divers bassins superposés soient similaires dans leur ensemble, leurs directions coexistantes sur une même verticale sont diverses. Si donc rien n'indique la hauteur à laquelle un ouragan s'est formé, l'on ne saurait savoir à quel bassin il appartient, ni préciser la direction de la circulation générale à laquelle il obéit, lors même que l'on connaîtrait la position de cette circulation dans son oscillation annuelle et mensuelle.

Aussi la grande diversité de direction des ouragans jusqu'ici perçue infirme au plus haut degré les manœuvres fondées sur une identité de direction complétement fictive et conclue trop précipitamment d'un nombre insuffisant d'observations.

Nous avons été ainsi conduit dès 1847 (1), à chercher ailleurs que dans la notion incertaine de la direction du parcours un moyen de salut efficace pour les navires, qui soit basé sur un fait

____

(1) *Annales marit.*, Mém. sur les ouragans, typhons, tornados et tempêtes.

facile à observer, indiquant la manœuvre à exécuter dans tous les cas et avant l'imminence du péril.

Ce fait est le sens de la variation du vent pendant la baisse progressive du baromètre, au début de la tempête, ou lorsque son approche est annoncée par la mauvaise apparence du temps, par une forte houle et par la violence croissante du vent. Ces caractères distinctifs présagent un ouragan tandis que les coups de vent sont précédés de calme accompagné d'une forte baisse du baromètre qui remonte dès que le vent éclate.

Pour que la variation de la direction du vent résulte du transport de la base de l'ouragan et non du déplacement du navire, celui-ci doit faire le moins de route possible pendant cette observation, qui ne doit pas employer plus d'une heure.

Ainsi les navires en route devront réduire leur voilure et mettre à la cape, tribord amures ; mais les navires au mouillage devront déraper pendant l'observation pour être prêts à gagner le large tribord amures aussitôt après.

· Le parcours du centre laissant à sa droite tous les points de la base de l'ouragan où le vent perçu en un point fixe tourne sur le compas à droite, et à sa gauche tous les points où le vent perçu tourne sur le compas à gauche ; le sens de la variation du vent observé pendant la cape initiale, indique si le navire est à droite ou à gauche du parcours du centre.

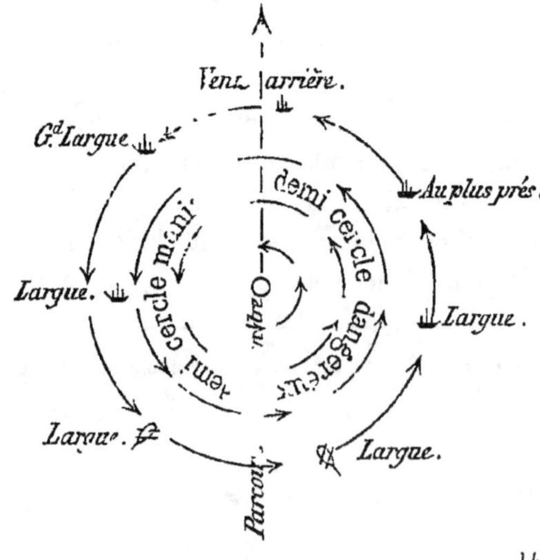

D'un autre côté, en regardant dans le sens de ce parcours, le vent initial souffle de la droite vers la gauche ; donc si le vent a tourné sur le compas à droite, le navire, étant situé à droite du parcours du centre, doit courir à droite du côté d'où vient le vent ; il doit donc loffer et serrer le vent au plus près avec les bas ris dans les basses voiles d'artimon.

Si, au contraire, le vent a tourné sur le compas à gauche, le navire, occupant la gauche du parcours du centre, doit fuir vers la gauche, dans le sens du vent, c'est à dire laisser arriver vent arrière aux bas ris des basses voiles de l'avant.

Enfin, si, pendant la baisse progressive du baromètre, le vent renforce et continue à souffler de la même direction, le navire occupe le parcours du centre et doit le fuir vent arrière. Dans les coups de vent le baromètre monte au lieu de baisser quand le vent renforce. Mais celui-ci est invariable dans sa direction et l'on ne gagne rien à fuir devant lui. Mais si le baromètre baisse à mesure que le vent renforce dans la même direction, l'on a affaire à un ouragan giratoire, et l'on occupe le parcours ultérieur de son centre dont on doit fuir l'approche vent arrière sans hésiter.

Cette allure est également la plus avantageuse dans le cas où le vent perçu pendant la cape initiale a tourné lentement à droite malgré la baisse notable du baromètre, car alors le navire est peu éloigné à droite du parcours du centre et a toutes facilités de gagner vent arrière le demi-cercle maniable situé à gauche, lequel offre de meilleures chances de salut que celui dangereux situé à droite, parce que, dans le premier, le mouvement giratoire s'opère en sens inverse de celui de translation et le vent perçu ne représente que la différence de leurs vitesses, tandis que dans le second le vent atteint sa plus grande violence, représentée par la somme des vitesses giratoires et de translation dirigées dans le même sens.

Il nous reste à résumer, d'après les principes que nous venons d'exposer, les prescriptions pratiques relatives à la manœuvre

des navires dans les tempêtes de l'hémisphère nord, tant celles
à exécuter au large que celles exceptionnelles commandées par
le voisinage des côtes.

3. — *Manœuvre dans les ouragans perçus au large.*

Dès que l'approche d'une tempête est annoncée par la mauvaise
apparence du temps, par une forte houle ou par la violence
croissante du vent accompagnée d'une baisse progressive du baromètre,

Mettre à la cape TRIBORD AMURES,

Pendant une heure au plus, pour observer le sens de la variation du vent.

Si le vent ne change pas de direction,
Ou tourne très-peu à droite,

Fuir VENT ARRIÈRE *et maintenir l'azimut de fuite.*

Si le vent a tourné à gauche, *fuir* GRAND-LARGUE, *tribord amures et maintenir l'azimut de fuite,*	Si le vent a tourné à droite, *courir* AU PLUS PRÈS *tribord amures et maintenir* CETTE ALLURE.

Jusqu'à ce que le baromètre remonte ; à partir de ce moment,
et tant que le vent conserve de la violence,

Suivre l'allure DU LARGUE TRIBORD AMURES.

Ces règles générales, indépendantes de toute conjecture sur la
direction du centre, s'appliquent à toute latitude et réduisent la
manœuvre à une question d'allures sous les amures constantes
de *tribord* dans l'hémisphère nord. Elles doivent être strictement exécutées, sans s'inquiéter de la direction de la lame prédominante que l'on recevra,

Par le travers de *tribord* sous l'allure *du plus près,*
Par la hanche de *tribord* sous l'allure *du largue,*
Par la hanche de bâbord en fuyant *vent arrière.*

Du reste c'est au timonnier à éviter les coups de mer en gouvernant à la lame quand elle est trop menaçante, sauf à reprendre l'allure prescrite aussitôt après son passage.

4. — *Manœuvres particulières commandées par le voisinage d'une côte.*

1er cas. — En regardant dans le vent initial on a la côte à sa droite.

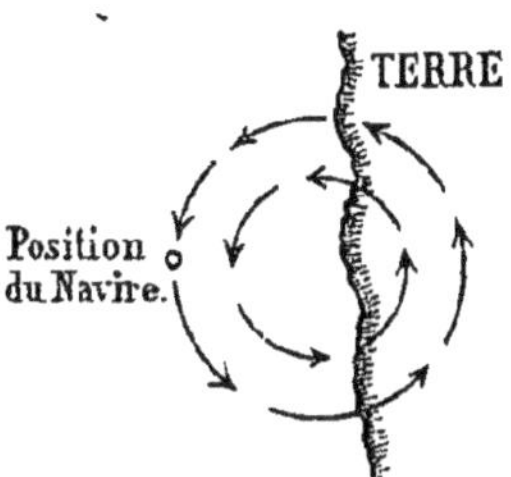

Le baromètre baissant,
Si le vent ne change pas de direction,
Ou tourne un peu à droite,

Fuir VENT ARRIÈRE la côte à bâbord,

Puis *suivre l'allure* DU LARGUE *tribord amures,*
Quand le vent soufflera en côte.

Si le vent a tourné à gauche, *fuir* GRAND LARGUE, *tribord amures,* la côte à *bâbord.*	Si le vent a tourné à droite, *courir* AU PLUS PRÈS, *tribord amures,* la côte à *tribord.*

2e cas. — La côte est parallèle au vent initial et est située à gauche en regardant dans le vent.

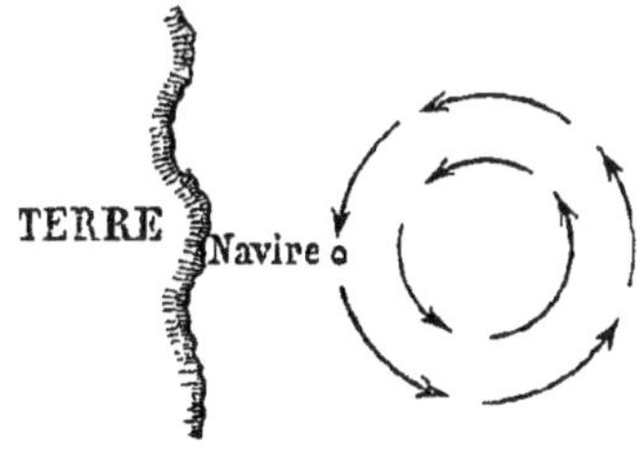

Le baromètre baissant,
Si le vent ne change pas de direction,
Ou tourne peu à droite,
Fuir VENT ARRIÈRE, la côte à *tribord*

Et *maintenir cette allure*, le vent ultérieur portant au large.

Si le vent a tourné à gauche, *fuir*, VENT ARRIÈRE ayant la côte à tribord,	Si le vent a tourné à droite, *courir* AU PLUS PRÈS. *tribord amures*, la côte à bâbord comportant cette allure ; sinon *fuir* VENT ARRIÈRE, *la côte à tribord,*

Jusqu'à ce que le baromètre remonte ; à partir de ce moment, et tant que le vent conserve de la violence, suivre l'allure du largue *tribord amures.*

3e *cas.* — En regardant dans le vent initial ou à la côte devant soi.

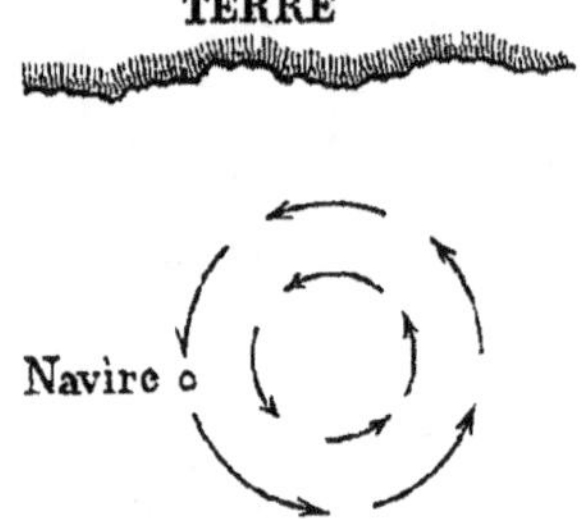

Le baromètre baissant,
Si le vent ne change pas de direction,
Ou tourne un peu à droite,

Fuir VENT ARRIÈRE et *maintenir l'azimut de fuite* vers le large.

Si le vent a tourné à gauche, fuir vent arrière et maintenir l'azimut de fuite,	Si le vent a tourné à droite, courir au plus près tribord amures, la côte à tribord,

Jusqu'à ce que le baromètre remonte ; à partir de ce moment,

et tant que le vent conserve de la violence, suivre *l'allure* DU
LARGUE *tribord amures.*

NOTA. Les navires à vapeur peuvent rester au mouillage, en s'aidant de leur
machine, pour prévenir la rupture de leurs chaines en nageant à l'appel de leurs
ancres.

4ᵉ *cas.* — En regardant dans le vent initial, on tourne le dos
à la côte.

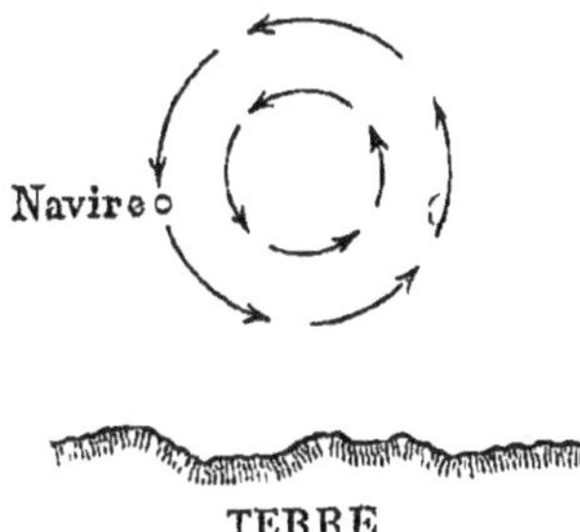

Le baromètre baissant,
Si le vent ne change pas de direction,

Courir AU PLUS PRÈS *tribord amures*, jusqu'à ce que le vent
vienne de terre.

Prendre alors *l'allure du largue.*

Si le vent a tourné à gauche, *rester en place mouillé et affourché.*	Si le vent a tourné à droite, *courir* AU PLUS PRÈS, *tribord amures.*

Quand le baromètre remonte, le vent final, dirigé vers le large,
n'offre aucun danger à la côte pour les navires affourchés, et
ceux sous voiles ou en marche doivent suivre *l'allure du largue,*
tribord amures, tant que le vent conserve de la violence.

CONCLUSION.

Toutes ces prescriptions doivent être fidèlement exécutées; bien
qu'elles soient rédigées pour les navires à voiles, elles s'appliquent également aux navires à vapeur, et les marins sauront fa-

cilement les interpréter en ce qui concerne leur application à ces derniers.

Nous ajouterons que la manœuvre vent arrière implique une grande diminution de la voilure, de manière à gouverner presque à sec de voiles si la violence du vent est considérable, afin de réduire la vitesse du navire et l'impulsion qu'il communique aux lames, qui ne manqueraient pas de déferler sur l'arrière du navire, si sa vitesse était très-grande. Toutefois, mieux vaut s'exposer à recevoir quelques paquets de mer que de rester en place, et il convient surtout de faire de la route sous les allures autres que celle vent arrière, car si le navire ne gouvernait pas il deviendrait le jouet des lames.

FIN.

TABLE DES MATIÈRES.

Paris. Imprimerie de Paul Dupont, rue de Grenelle-Saint-Honoré, 45

S
IER
HUDSON
ES
U E
N
E M
Philadelphie
Washington
S-UNIS
rléans
NDOUSTAN
Le
Calcutta
Bombay
GOLFE
DU
BENG.
NTRALE
gua
Chagres
Panama
I. Ceylan
yaquil
E R
I N
Valp...
rwedage
I. St Paul
ts intérieurs
vations
en distance
de Ma
de Co
d'Odd
de Tri
de Vie
de Gê

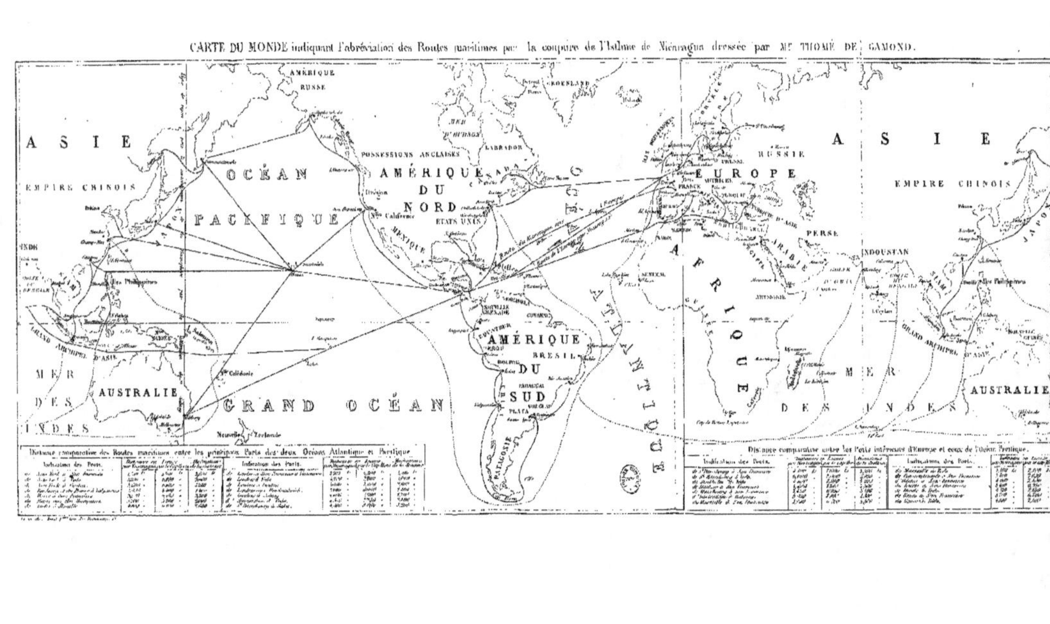

Distance comparative des Routes maritimes entre les principaux Ports des deux Océans Atlantique et Pacifique

Distance comparative entre les Ports intérieurs d'Europe et ceux de l'Océan Pacifique